XIANDAI ROUNIU
GAOXIAO JIANG YANGZHI WENDA

现代肉牛
高效健康养殖问答（二）

李树静　曹玉凤　主编

河北科学技术出版社

图书在版编目（CIP）数据

现代肉牛高效健康养殖问答·二／李树静，曹玉凤主编． －－石家庄：河北科学技术出版社，2020.9
ISBN 978 - 7 - 5717 - 0254 - 0

Ⅰ.①现… Ⅱ.①李…②曹… Ⅲ.①肉牛－饲养管理－问题解答 Ⅳ.①S823.9 - 44

中国版本图书馆 CIP 数据核字（2020）第 181452 号

现代肉牛高效健康养殖问答（二）
李树静　曹玉凤　主编

出版发行	河北科学技术出版社
地　　址	石家庄市友谊北大街 330 号（邮编:050061）
印　　刷	天津旭丰源印刷有限公司
开　　本	850×1168　1/32
印　　张	5
字　　数	75 千字
版　　次	2020 年 9 月第 1 版 2022 年 7 月第 4 次印刷
定　　价	18.00 元

现代肉牛高效健康养殖问答（二）编委会

主　编： 李树静　曹玉凤

副主编： 王　昆　李秋凤　史秋梅　谢　鹏
　　　　　赵博伟　赵慧峰　岳春旺　姜国均

编　者：（按姓氏笔画排序）

马长海　王志仙　王秀芳　王思伟
王秋悦　韦　伟　冯春涛　付志新
吕彦英　朱今舜　刘　璞　刘志勇
刘晓畅　齐　彪　苏硕青　杜晨光
李素霞　吴同垒　张伟涛　张志强
张秀江　张松山　陈彦丽　范京惠
武二斌　赵增元　郝　飞　徐　华
徐国忠　高　彦　高光平　郭伟婷
剧　勍　曹　杰　阎志刚　雷元华
蔺惠良　薄玉琨

前　言

随着我国经济发展和居民生活水平提高，广大消费者对牛肉的需求量逐年提升，为肉牛产业发展提供了更加广阔的发展空间。肉牛可以将农作物秸秆转化为肉食品，符合我国大力发展节粮型畜牧业要求。与其他畜种相比，肉牛基础母牛适合中小规模养殖，使肉牛养殖成为产业扶贫的重要抓手。我国肉牛产业近年来发展较快，但整体而言，存在基础薄弱、良种化程度不高、生产方式和技术相对落后、产业竞争力较低等问题，实现肉牛产业高质量发展还有很多工作要做。为此，国家肉牛牦牛产业技术体系河北团队与河北省现代农业产业技术体系肉牛产业创新团队共同编写了这本书。

本书以为推动肉牛业高质量发展，推广先进适用的肉牛高效健康养殖技术，提升广大养殖场户养殖技术和基层畜牧技术推广人员科技服务能力为出发点，从良种繁育、饲料加工调制与饲养管理、疾病防治、牛肉加工、牛场环境建设与废污利用和肉牛产业经济六个方面，以一问一答的形式，筛选当前亟需解决或普遍存在的问题，进行了通俗易懂的解答，希望对提高肉牛养殖水平起到指导和促进作用。

本书在编写过程中特别注重可操作性，力求通俗易懂，简单实用，书中的观点吸纳了国内外实用新技术和编者积累的研究成果，力求达到先进性和实用性相结合，适合各级畜牧技术推广人员、广大肉牛养殖人员及肉牛相关从业者参考使用。由于编者水平有限，加之时间仓促，书中如有不妥和错误之处，敬请读者朋友们指正。

编　者
2020 年 6 月

目 录

肉牛良种繁育

1. 我国肉牛业中的主要进口品种有哪些？其性能特点如何？ ……………………………………………… 3
2. 中国黄牛的主要品种有哪些？其性能特点如何？ ……………………………………………………… 5
3. 中国自主培育的肉牛品种有哪些？其性能特点如何？ ………………………………………………… 8
4. 为什么目前我国肉牛还是依赖进口国外品种？ ………………………………………………………… 10
5. 为什么肉牛生产要用杂交配套系？ ………… 11
6. 肉牛杂交的主要方式有哪些？ ……………… 12
7. 为什么要开展肉牛生产性能测定工作？ …… 14
8. 肉牛生产性能测定的主要内容是什么？ …… 14
9. 母牛个体档案主要包括哪些内容和项目？ … 15
10. 在肉牛繁育中推广同期发情技术有什么益处？ ……………………………………………………… 16

11. 母牛同期发情的常用方法有哪些？……………… 17
12. 为什么牛在输精前要进行精子的存活率检查？
   …………………………………………………………… 18
13. 为什么缺乏矿物质会导致母牛繁殖力下降？
   …………………………………………………………… 19
14. 产后母牛的饲养管理应注意哪些问题？………… 22
15. 母牛乏情的类型及其防治措施有哪些？………… 24
16. 造成母牛流产的因素有哪些？…………………… 25
17. 为什么要进行肉牛体况评定？…………………… 27
18. 怎样进行肉牛体况评定？………………………… 28
19. 正确的人工授精操作包括哪几个方面？………… 29
20. 何时进行妊娠检查？……………………………… 31

肉牛饲料加工调制与饲养管理

1. 肉牛养殖过程中精粗饲料比有哪些要求？……… 37
2. 肉牛养殖过程中如何控制日粮蛋白质水平？…… 38
3. 肉牛养殖过程中对维生素有哪些要求？………… 39
4. 肉牛养殖过程中添加剂选择注意事项有哪些？
   …………………………………………………………… 40
5. 全株青贮玉米制作要点有哪些？………………… 41
6. 如何选择淘汰奶牛进行育肥？…………………… 45

7. 肉用母牛养殖注意事项有哪些？ ………… 46
8. 肉牛育肥过程中为什么饲料要稳定？ ……… 47
9. 肉牛育肥是拴系好还是散养好？ …………… 47
10. 从哪些途径加强肉牛养殖过程中的信息化
    管理？ ……………………………………… 48
11. 如何从科学化管理角度提高肉牛养殖效率？
    …………………………………………………… 50
12. 如何通过肉牛的牙齿来判断年龄？ ……… 51
13. 肉牛营养需要主要包括哪些方面？ ……… 54
14. 为什么提倡肉牛养殖使用全混合日粮（TMR）
    技术？ ……………………………………… 55
15. 采取怎样的措施能够提高肉牛采食量？ …… 56
16. 哪些因素可以影响到肉牛干物质采食量？ … 58
17. 利用发酵饲料饲喂肉牛有哪些好处？ ……… 60
18. 如何正确认识和利用肉牛的补偿生长特点？ ……
    …………………………………………………… 61
19. 肉牛育肥前如何正确选择架子牛？ ……… 63
20. 新购肉牛到场后怎样进行管理和饲养？ ……… 64

肉牛疫病防治

1. 牛的常见病有哪些？ ……………………… 69

2. 怎样理解牛的传染病? …… 69

3. 牛传染病是怎样发展的? …… 70

4. 牛传染病是怎样进行传播的? …… 70

5. 养殖场发生烈性传染病时,应当怎么办? …… 71

6. 什么是牛传染性鼻气管炎? 如何防治? …… 72

7. 什么是牛巴氏杆菌病? 如何防治? …… 73

8. 什么是牛支原体病? 如何防治? …… 74

9. 牛寄生虫病病原体包括哪些? …… 75

10. 牛胃中常见寄生虫有哪些? …… 75

11. 牛肠道常见寄生虫有哪些? …… 75

12. 牛肝脏中常见寄生虫有哪些? …… 76

13. 肉牛感染寄生虫病的途径有哪些? …… 76

14. 牛感染隐孢子虫后症状有哪些? 应如何防治? …… 76

15. 如何治疗牛异嗜癖? …… 77

16. 如何治疗牛前胃弛缓? …… 78

17. 如何治疗牛胃肠炎? …… 78

18. 如何治疗牛膀胱炎? …… 79

19. 如何防治牛尿素中毒? …… 79

20. 如何防治牛维生素 A 缺乏症? …… 80

牛肉加工

1. 我国牛肉主产地是哪些？ ………………… 85
2. 什么是冷鲜牛肉？ ………………………… 85
3. 什么是热鲜牛肉？ ………………………… 86
4. 什么是犊牛肉？ …………………………… 86
5. 什么是犊牛白肉？ ………………………… 86
6. 什么是犊牛红肉？ ………………………… 86
7. 影响牛肉嫩度的宰前因素有哪些？ ……… 87
8. 影响牛肉嫩度的宰后因素有哪些？ ……… 87
9. 什么是肉的冷收缩？ ……………………… 88
10. 怎么防止冷收缩的发生？ ………………… 88
11. 速冻对肉品质的影响有哪些？ …………… 89
12. 慢速冻结对肉品质的影响？ ……………… 89
13. 如何保持肉的鲜红色？ …………………… 89
14. 如何防止储藏过程中肉色变暗？ ………… 90
15. 常温下牛肉能保存多久？ ………………… 91
16. 什么是肉的冻结烧？ ……………………… 91
17. 鲜肉在冻藏过程中，如何防止肉冻结烧的发生？
 ………………………………………………… 92

18. 如何提高肉的持水性？ …………………… 93

19. 变色的牛肉是否能吃？ …………………… 93

20. 烹饪后的牛肉怎么保存？ ………………… 94

肉牛场环境建设与废污利用

1. 养牛场环境卫生监测的内容有哪些？ …… 99
2. 堆肥无害化卫生学要求是什么？ ………… 99
3. 肉牛养殖场粪污有什么特点？ …………… 100
4. 一头牛每天的粪尿产量是多少？ ………… 101
5. 什么是好氧堆肥？ ………………………… 102
6. 什么是厌氧堆肥？ ………………………… 103
7. 堆肥的质量标准有哪些？ ………………… 104
8. 堆肥的影响因素有哪些？ ………………… 105
9. 如何确定合适的粪污农田施肥量？ ……… 106
10. 什么是牛粪就近还田模式？ ……………… 108
11. 如何开展畜禽粪污区域集中治理？ ……… 110
12. 畜禽粪污第三方治理应注意事项有哪些？ … 111
13. 养殖蚯蚓处理牛粪可行吗？ ……………… 111
14. 牛粪养殖的蚯蚓有哪些用途？ …………… 112
15. 养蚯蚓的牛粪需要怎样处理？ …………… 113

16. 牛粪养殖蚯蚓场地如何选择？ …………… 113
17. 牛粪养殖蚯蚓养殖床有什么要求？ ………… 114
18. 牛粪养殖蚯蚓密度多少合适？ ……………… 115
19. 牛粪养殖蚯蚓如何采收？ …………………… 115
20. 如何进行蚯蚓粪的清除？ …………………… 116

肉牛产业经济

1. 肉牛产业扶贫方式有哪些？ ………………… 121
2. 中国牛肉需求趋势是怎样的？ ……………… 122
3. 肉牛养殖面临哪些风险？ …………………… 123
4. 肉牛未来发展趋势如何？ …………………… 125
5. 京津冀地区肉牛养殖优势有哪些？ ………… 128
6. 河北省肉牛养殖模式有哪些？ ……………… 130
7. 香港小母牛项目是怎样的？ ………………… 137
8. 河北省肉牛养殖保险开展状况如何？有何作用？
   …………………………………………………… 139
9. 如何振兴河北牛肉文化消费？ ……………… 143
10. 什么是肉牛绿色饲喂？ ……………………… 145

肉牛良种繁育

1. 我国肉牛业中的主要进口品种有哪些？其性能特点如何？

20世纪70年代以来，我国先后从国外引进很多优良肉用和兼用牛品种，目前在国内得到较为广泛利用的有夏洛来、利木赞、安格斯、西门塔尔（乳肉兼用）、日本和牛等，这些品种的引进使我国的牛肉产量和质量得以快速提高，并在自主新品种的培育中发挥了重要作用。

（1）夏洛来牛。

原产于法国的大型肉牛品种。外貌特征是体躯硕大，中躯较长，后躯发达，全身肌肉丰满，全身毛色乳白或浅乳黄色。成年公牛体高145.5cm，体重1100~1200kg，成年母牛体高137.5cm，体重700~800kg。夏洛来牛以生长速度快、瘦肉产量高而著称。在良好饲养管理条件下，12月龄公犊重达525kg，母犊360kg。屠宰率为65%~70%，胴体产肉率为80%~85%。对环境适应性极强，耐寒暑，耐粗饲，放牧或舍饲两者均可。该品种的缺点是难产率较高（13.7%），肉质嫩度和大理石花纹等级较差。

(2) 利木赞牛。

原产于法国的大型肉牛品种。体型较大，骨骼细，体躯长而宽，全身肌肉丰盈饱满，前、后躯肌肉尤其发达，被毛为黄红色，腹下、四肢、尾部、口、鼻和眼四周毛色稍浅。成年公牛体高140cm，体重1100kg；成年母牛体高131cm，体重600kg。利木赞牛肉用性能好，生长快，8月龄小牛就可生产出具有大理石纹的牛肉；在良好饲养管理条件下，公牛12月龄能长到480kg。屠宰率63%~71%，牛肉品质好，肉嫩，瘦肉含量高，泌乳能力较好。

(3) 安格斯牛。

原产于英国的小型早熟肉牛品种。体格低矮，体质紧凑，全身毛色纯黑或全红，无角。体躯宽而深，四肢短而直。成年公牛体高130.8cm，体重700~750kg，成年母牛体高118.9cm，体重500kg。安格斯牛具有良好的增重性能，早熟易肥，胴体品质和产肉性能均高。育肥牛屠宰率一般为60%~65%。产犊间隔短，连产性好，初生重小，极少难产。对环境适应性好，耐粗、耐寒，性情温和，易于管理。

(4) 西门塔尔牛。

原产于瑞士的大型乳用兼用品种，肉用、乳用性能均佳。毛色多为黄白花或淡红白花，体型高大，四肢强壮，体躯长而丰满。成年公牛体高142～150cm，体重1000～1200kg；成年母牛体高134～142cm，体重550～800kg。适应性强，耐粗饲，寿命长，繁殖力强，产肉性能良好，屠宰率偏低。

（5）日本和牛。

原产于日本，是世界上公认的优秀肉牛品种。毛色多为黑色和褐色，以黑色为主，乳房和腹壁有白斑。体躯紧凑，腿细，前躯发育良好，后躯稍差。体型小，成熟晚。成年公牛体高137cm，体重700kg；成年母牛的身高和体重分别为124cm和400kg。育肥好的牛肉大理石花纹明显，俗称雪花肉，肉用价值极高，在日本被视为"国宝"。

2. 中国黄牛的主要品种有哪些？其性能特点如何？

我国有地方黄牛品种50多个，是世界上牛品种最多的国家。我国黄牛品种根据产地、体型大小和品种特征分为三大类：中原黄牛、北方黄牛和南方黄牛。中原黄牛主要有陕西秦川牛、河南南阳牛、山东鲁西牛、山西晋南牛、山东滨州渤海黑牛等；北方黄牛主要有吉林延边牛、蒙古高原蒙古牛、辽宁复州牛、新疆哈萨克牛等；南方黄牛主要有浙江温岭高峰牛、安徽皖南牛、湖北大别山牛等。其中，秦川牛、晋南牛、南阳牛、鲁西牛、延边牛被誉为我国五大良种黄牛品种。

(1) 秦川牛。

因产于陕西省关中地区的"八百里秦川"而得名。毛色以紫红色和红色为主，役用性能好，体躯较长，体型较丰满，骨骼粗壮坚实，性情温驯，适应性强。易育肥，牛肉肉质细嫩，大理石花纹好。在中等饲养水平下，18月龄时的屠宰率可达58.3%，净肉率50.5%。秦川牛不仅是优秀的地方品种，也是作为杂交配套的理想品种之一。

(2) 晋南牛。

产于山西省晋南盆地。毛色以枣红为主。成年公牛体高139cm，体重607kg；成年母牛体高117cm，体重339kg。成年牛育肥后屠宰率可达52.3%，净肉率43.4%。

(3) 南阳牛。

产于河南南阳地区。有黄、红、草白3种毛色，以深浅不等的黄色最多。体型高大，体质结实，肌肉丰满，役用、产肉性能较好。成年公牛体高145cm，体重647kg；成年母牛体高126cm，体重412kg。1.5岁公牛育肥屠宰率为55.6%，3~5岁阉牛强度育肥后，屠宰率可达64.5%，净肉率56.8%。

（4）鲁西牛。

主要产于山东西南部，具有较好的役肉兼用体型，毛色从浅黄到棕红色都有，以黄色为最多；多数牛有眼圈、口轮、腹下和四肢内侧毛色浅淡的"三粉特征"。个体高大，成年公牛体高146cm，体重644kg；成年母牛体高123cm，体重366kg。1.5岁牛屠宰率53%~55%，净肉率47%，牛肉脂肪色泽白，大理石花纹好。

（5）延边牛。

主产于吉林省延边朝鲜族自治州。役肉兼用，耐粗饲，抗病力强。体型中等，鬐甲低平，肩峰不明显。毛色以正黄色为主，少量为深黄色或浅黄色。成年公牛体高131cm，体重465kg；成年母牛体高122cm，体重365kg。1.5岁牛屠宰率57.7%，净肉率47.2%。

3. 中国自主培育的肉牛品种有哪些？其性能特点如何？

我国自主培育的肉牛和兼用品种主要有中国西门塔尔牛、夏南牛、延黄牛、辽育白牛、新疆褐牛等。

（1）中国西门塔尔牛。

主产于内蒙古、辽宁、山西、四川等地，是西门塔尔牛与我国地方黄牛杂交选育的乳肉兼用品种。外貌与国外西门塔尔牛的基本一致，体躯宽高，结构匀称，肌肉发达，乳房发育良好。成年公牛体高145cm，体重850~1000kg；成年母牛体高130cm，体重550~650kg。短期育肥后，1.5岁以上的牛屠宰率54%~56%，净肉率44%~46%。适应范围广，耐粗饲，抗病力强。

（2）夏南牛。

主产区为河南南阳，是夏洛来牛与南阳牛杂交选育的肉用品种。胸深肋圆，背腰平直，尻部宽长，肉用特征明显；毛色以浅黄、米黄为主。成年公牛体高142.5cm，体重850kg；成年母牛体高135.5cm，体重600kg。1.5岁未育肥公牛屠宰率60.13%，净肉率

48.84%。性情温驯,易育肥,抗逆性强,耐寒,耐热性稍差。

(3) 延黄牛。

主产区为吉林延边,是利木赞牛与延边黄牛杂交选育的肉用品种。体型外貌与延边牛相似,体躯呈长方形,结构匀称,肉用特征明显,毛色为黄色。成年公牛体高156.2cm,体重900~1100kg;成年母牛体高136.3cm,体重490~630kg。舍饲短期育肥至30月龄公牛屠宰率59.8%,净肉率49.3%。

(4) 辽育白牛。

主产区为辽宁,是夏洛来牛与辽宁本地黄牛高代杂交选育的肉用品种。体型大,体躯呈长方形,肌肉丰满,增重快,肉用性能好,被毛白色或草白色。成年公牛体重910.5kg;成年母牛体重451.2kg。6月龄断奶后持续育肥至18月龄,宰前重、屠宰率、净肉率分别为561.8kg、58.6%和49.5%;持续育肥至22月龄,宰前重、屠宰率、净肉率分别为664.8kg、59.6%和50.9%。性情温顺,耐粗饲,抗寒能力强。

(5) 新疆褐牛。

主产区为新疆,是我国自主选育的第一个乳肉兼用品种,也是新疆最主要的牛肉和牛奶来源。体型外貌与瑞士褐牛相似，泌乳和产肉性能都较好。适应性强，耐粗饲，耐严寒和高温，抗病力强。新疆褐牛成年母牛体重430kg，产奶量2100~3500kg；成年公牛体重490kg。在自然放牧条件下，2岁以上屠宰率为50%以上，净肉率39%，育肥后净肉率可达40%以上。

4. 为什么目前我国肉牛还是依赖进口国外品种？

我国虽然拥有大量的地方肉牛品种，但都属于传统的役肉兼用品种。由于刚刚摆脱役用用途，还处在从役用向肉用的转型过程中，虽然具有较好的地方适应性和优良的肉质，但生产性能较低，生长速度较慢；并且由于长期的役用选择，形成了后躯发育不足的尖尻、斜尻体形，屠宰率和净肉率均较低。20世纪70年代以来，我国大量引进国外优秀肉牛品种，对国内的地方黄牛进行杂交改良，也形成了一批优秀的肉牛品种，但限于规模、饲养条件和选育水平，其后代生产水平与国外肉牛品种相比仍有较大差距。另一方面，我国肉牛生产和育种上"重引进、轻选育"的现象依然严重，肉牛育种技术体系不完善，肉牛繁育体系建设没有得到足够的支持。因此，我国目前以经济杂交为主要方式的肉牛生产仍然主要依赖进口国外优良品种。

5. 为什么肉牛生产要用杂交配套系？

在肉牛生产中，往往采用两个或多个品种杂交来生产商品肉牛。这样既能利用远缘杂交优势，又能互补单一品种的某些不足，可以提高生产效率和经济效益。以本地黄牛为母本，引进优良肉用品种为父本进行杂交，所培育的后代既保留了本地牛耐粗放、适应性强的特点，又有外来优良品种生长快、产肉多、肉质好、饲料报酬高的优点，使本地黄牛在体型、生长速度、产肉性能等方面得到提高。

引进优良牛品种杂交改良黄牛有三个要求，一是引进牛品种要与黄牛相近，二是制定合理的技术方案和杂交路线，三是选择较好个体进行下一代杂交。具体与我国现阶段情况相适应的肉牛杂交体系应该是：

（1）在引入品种改良本地黄牛的基础上，继续组织杂交优势，改良差的地区改良方向应向配套系的母系发展。

（2）选择有互补性的具有理想长势和胴体特征的公牛作父系，保持杂交优势的持续利用。

（3）组装两个或两个以上品种的优势开展肉牛配套系生产，在可能的情况下形成新的地方类群。一般在级进杂交有困难的地方组织这种配套系。

6. 肉牛杂交的主要方式有哪些？

肉牛生产中的杂交模式主要有经济杂交、轮回杂交和"终端"公牛杂交。国外肉牛业中已广泛利用经济杂交开展两品种杂交或三品种杂交，纯种肉牛杂交后代产肉能力可提高15%~20%。

（1）经济杂交。

也叫生产杂交，使用外来优良品种公牛与本地黄牛杂交，以获得具有经济价值的杂种后代，增加产品数量和降低生产成本。经济杂交又分为二元杂交和三元杂交，二元杂交即2个品种之间的杂交，所获杂交一代公牛全部用作肉用，母牛作为繁殖母牛群；三元杂交指3个品种之间的杂交，甲品种与乙品种牛杂交后产生杂种一代,其母牛再与丙品种公牛杂交,所产生的杂交二代不论公母一律用作商品牛。

(2)轮回杂交。

用两个或两个以上品种的公牛,先用一个品种的公牛与本地母牛杂交,其杂种后代母牛再和另一品种公牛交配,以后继续用没有亲缘关系的两个品种的公牛轮回杂交。轮回杂交的优点是可有效减少种公牛饲养数量,避免单一品种过度杂交和近亲杂交带来的杂交优势衰退。

(3)"终端"公牛杂交。

用B品种公牛与A品种纯种母牛配种,将F1母牛(BA)再用第三个品种C公牛进行杂交,所生F2不论公母全部出售,不再进一步杂交,停止在最终使用C品种公牛的杂交。"终端"公牛杂交的特点是能使品种优点相互补充而获得最高的生产性能。

(4)轮回—"终端"公牛杂交。

在2品种或3品种轮回杂交后代中保留45%的母牛用作轮回杂交,以供更新母牛之需。其余55%的母牛,选用生长快、肉质好的公牛("终端"公牛)配种,所产生的后代公母犊全部育肥,以期取得减少饲料消耗、生产更多牛肉的效果。

7. 为什么要开展肉牛生产性能测定工作？

肉牛良种是现代肉牛业发展的决定性基础，其占产业增产技术进步作用总贡献份额的40%以上。世界肉牛业发达国家的发展历程显示，只有在肉牛遗传改良方面扎实工作，选择培育优秀种公牛，才能带动肉牛生产水平的整体发展。肉牛生产性能测定是对肉牛个体经济性状的表型值进行评定的一种育种措施。可靠的性能测定及其数据收集是育种工作以及遗传评估技术的先决条件，在我国肉牛育种群体规模小、饲养管理分散、育种基础薄弱、可用数据不多的情况下，性能测定制度的建立直接关系到我国肉用牛育种改良的效果和成败，是我国肉牛遗传改良的必要内容。

8. 肉牛生产性能测定的主要内容是什么？

肉牛生产性能测定内容主要包括：
（1）生长发育性状：初生、断奶、6月龄、12月龄、18月龄、24月龄、36月龄体重和体尺（体高、十字部高、体斜长、胸围、腹围、管围等）性状。

（2）肥育性状：育肥始重、育肥终重、育肥期日增重、饲料转化效率。

（3）胴体性状：宰前重、热胴体重、冷胴体重、屠宰率、净肉率、背膘厚；同时在屠宰前，用超声波技术测定背膘厚、眼肌面积、肌肉脂肪含量、大理石花纹。

（4）肉质性状：眼肌面积、大理石纹、嫩度、肉色、脂肪颜色、pH、失水率。

（5）繁殖性状：睾丸围、采精量、精液品质、母牛产犊难易度、体型评分等。

9. 母牛个体档案主要包括哪些内容和项目？

母牛个体档案的记录与保存是母牛养殖最基础的工作，是母牛养殖管理规范化的前提，也是提高饲养管理水平、育种与品种改良、品种登记的基础。

母牛的个体档案主要包括：

（1）牛籍：户（场）名、耳标号、品种（杂交牛标明父本和主要母本）、出生日期、胎次、毛色、谱系记录等。

（2）配种繁殖记录：发情时间、配种时间、与配公牛品种及编号、输精时间、妊娠检查日期、预产日期、产犊时间、分娩情况（顺产、接产、助产）、犊牛性别、初生重、犊牛编号等。

（3）体尺与增重记录：初生、6月龄、12月龄、18月龄的体重、体尺（包括体高、十字部高、体斜长、胸围、腹围、管围）。

（4）兽医诊断及治疗记录：发病日期、诊断日期、病因病况、治疗方法、治疗结果等。

（5）免疫记录：疫苗种类、免疫时间等。

按现代管理模式运行的母牛场，可采用现代信息采集技术，对母牛场各种个体参数、环境参数等信息存入计算机数据库。

10. 在肉牛繁育中推广同期发情技术有什么益处？

同期发情技术即通过激素处理，人为地控制并调整群体母牛在一定时间内集中发情配种。现行的同期发情技术主要有两种途径：一是通过孕酮类药物处理延长母牛的黄体作用从而抑制卵泡发育，停药后使卵泡成熟并排卵；另一种是通过前列腺素类药物处理溶解黄体，使卵泡发育排卵。

在肉牛繁育中推广同期发情技术有利于缩短产犊间隔，提高母牛繁殖效率；有利于控制母牛的产犊期，根据市场需要、物资设备情况合理安排配种、产犊时间，使牛群按照经营者的需要有计划地繁殖和育肥，做到生产与销售相协调；有利于牛舍和设备的合理使用，工作人员的统筹安排，饲料生产、供应与牛群存、出栏的相互协调。

11. 母牛同期发情的常用方法有哪些？

母牛的同期发情常用的方法有以下几种：

（1）方法一。

在母牛发情周期的任意一天（发情当天除外），于牛阴道内放置 CIDR（孕酮的缓释装置），记为零天。同时肌肉注射 E2（雌二醇）2mg 和 P4（孕酮）50mg，在放置阴道栓的第八天上午肌肉注射 PGF2α（氯前列腺烯醇）5mg，下午撤出阴道栓。发情后直肠探查卵泡发育情况，如有优势卵泡进行输精。该方法处理后母牛同期发情率高达95%，但处理成本较高，每头牛约 100 元。

（2）方法二。

在母牛发情周期的任意一天（发情当天除外）肌肉注射 PGF2α5mg，间隔 11 天再次注射 PGF2α5mg。发情后直肠探查卵泡发育情况，如有优势卵泡进行输精。该方法同期发情率约 60%，但处理成本低，每头牛约在 20 元。

（3）方法三。

在母牛发情周期的任意一天（发情当天除外）肌肉注射 GnRH（促性腺激素释放激素）100μg，7 天后再肌肉注射 PGF2α5mg，2 天后再次肌肉注射 GnRH100μg。发情后直肠探查卵泡发育情况，如有优势卵泡进行输精。该方法母牛同期发情率在 50% 以上，优点是成本也较低，约在 30 元。

12. 为什么牛在输精前要进行精子的存活率检查？

精子的存活率是在显微镜下观察，呈直线运动的精子占总精子数的百分比。由于只有直线运动的精子才具备与卵子结合而受精的能力，所以精子存活率的高低直接影响配种受胎率。为此,精子的存活率是精液品质检查的首要指标,而且是配种技术人员必须掌握、不可或缺的重要技术和工作环节。因此,在输精前,冷冻精液解冻后要进行检查,精子存活率达到标准方可使用,即冻精的存活率在0.3以上方可输精。

由于精子的存活率受温度和光照的影响很大,所以,解冻冻精时应用38~39℃温水直接浸泡10~15秒,检查时要在室温(20~25℃)下,37℃恒温台上进行。室内光线要暗,避免阳光直射。精子存活率的计算方法是:用高倍镜观察100个精子,计数活动精子与不活动精子的比例,计算精子活动的百分率。精子活动率=活动精子数/(活动精子数+不活动精子数)×100%。

13. 为什么缺乏矿物质会导致母牛繁殖力下降?

为确保母牛有良好的繁殖性能,必须注意矿物元素的合理供给。

(1)常量元素。

日粮中缺乏钙可导致骨软化和骨质疏松,繁殖力下降，怀孕母畜缺钙常导致胎儿发育受阻甚至死胎，并引起产后瘫痪。缺磷可导致母畜生产力下降，繁殖功能减弱（不发情、受精率低、泌乳期短等），易发生流产和产弱犊。日粮中的钙、磷比例不当可导致母牛卵巢萎缩，性周期紊乱、不发情或屡配不孕，还可能造成胚胎发育停滞、畸形、流产或产出的幼畜生活力弱。实践证明，日粮中的钙磷比在1.5:1~2:1较为合适。

母牛采食大量施用钾肥的牧草易造成体内钾钠比失调，引起机体酸中毒，生殖道黏膜发炎，卵巢囊肿，性周期不正常，胎衣不下等症状。钾钠比以5:1为宜。

母牛日粮中镁含量过低可导致繁殖障碍。主要表现是：不发情、受胎率低、流产和犊牛初生体重低；妊娠母牛缺乏镁时，还可能引起犊牛出生前骨骼发育不良，易骨折，犊牛出生后血镁低，可引发痉挛，严重时会造成死亡。氯主要分布于动物体液和软组织中，长期缺氯可使卵巢萎缩、发情周期紊乱、受胎率及产仔率降低，严重者可导致不孕。

(2) 微量元素。

铜对受精、胎儿发育是必需的，铜过低可能抑制家畜发情、增加胚胎早期死亡，使繁殖力减退，主要是由于铜对卵巢的机能有特殊影响的缘故。

铁对动物胚胎成活率、子宫容量有重要影响。缺铁可导致机体贫血，胚胎发育障碍或停滞，另外缺铁还会降低机体的免疫功能，增强疾病易感性，从而使机体发生生殖器官炎症的概率增加。

母畜缺钴时最常见的症状是受胎率低。缺钴性贫血的母畜不能发情，初情期延迟、卵巢机能丧失、易流产和产弱胎。给牛补饲钴盐，可降低安静发情和不规则发情率，从而增加受胎率。

缺锰的母牛即使能正常发情、排卵和受精，但受精卵在子宫附着困难，往往受精而不怀胎、早期不明原因的隐性流产，或所产牛犊先天性畸形、生长缓慢、被毛干燥、褪色、腿畸形而用球关节以上着地等。

锌是合成性激素的酶系统的组成成分，长期缺锌使这类酶的合成发生障碍，导致母牛卵巢萎缩、发情周期紊乱，受胎率及产仔率降低。母牛缺锌常使受精卵不能着床、胚胎期死亡，表现为屡配不孕。

缺碘可使繁殖母牛发生甲状腺肿大，并对繁殖产生不良影响，妊娠期日粮中碘含量不足，母牛常引起流产、妊娠期延长，出现死胎或弱胎、分娩困难、胎衣不下等症状。如常年给母畜补碘后，牛发情排卵正常，配种期缩短，受胎率可提高20%以上，所产牛犊健壮、成活率高。

硒是动物体内非常重要的一种必需微量元素，它具有抗氧化作用，对动物生殖机能有重要影响。缺硒使母畜发情周期失调，受胎率、产仔率和幼仔存活率降低，甚至导致不孕。补硒可以防止流产、胚胎死亡，降低不孕症和提高繁殖力，防止母牛缺硒导致的胎衣不下。

14. 产后母牛的饲养管理应注意哪些问题？

母牛产后管理直接关系到母牛分娩后的健康及产后生产性能的发挥和繁殖表现，具体应注意以下几点：

（1）做好产后监护。

母牛产后易发生胎衣不下、食滞、乳房炎和褥热等症，要经常注意观察母牛的乳房、食欲、反刍和粪便，发现异常情况及时治疗，并做好分娩后的监护。

①产后3小时内注意观察母牛产道有无损伤、出血，发现损伤出血要及时处理。

②产后6小时内注意观察母牛努责情况，若母牛

努责强烈，要检查是否还有胎儿未产出，并注意是否有子宫脱出征兆。

③产后12小时内注意观察胎衣排出情况。

④产后24小时内注意观察母牛恶露排出的数量。

⑤产后3天内注意观察母牛有无生产瘫痪症状，发现后要及时治疗。

⑥产后7~12天注意观察母牛恶露排出程度，发现恶露不净或腐败要及时治疗。

(2) 做好胎衣排出的观察与处理。

注意观察胎衣排出的情况及胎衣完整度。待胎衣完整排出后用0.1%高锰酸钾对母牛阴部和臀部进行消毒。若产后24小时胎衣仍未排出，为胎衣不下，可用促进子宫收缩药进行促排；48~72小时仍未排出要进行手术剥离。剥离后用0.1%高锰酸钾1000~2000ml冲洗子宫，每日1次，连冲2~3天。

(3) 做好饲养工作。

分娩后应立即给母牛饮麸皮汤，在10kg温水中加入麸皮1kg，食盐50g，搅拌均匀调成稀粥状饲喂，要多次供给，有条件加1000g红糖和500g益母草膏，效果更好。产后3天内，一般饮用粥状饲料（玉米、麸皮、豆粕组成或混合精料调成粥状）较好，3天后补充少量混合精饲料（不超过2kg）。对体弱母牛，产后3天内只喂优质干草，4天后可喂适量精饲料和多汁饲料，并根据乳房及消化系统的恢复状况逐渐增加给料量，但每天增加的精料量不得超过0.5kg。当乳房水肿完全消失时，饲料可增至正常。若母牛产后乳房没有水肿，体质健康，粪便正常，在产犊后的第一天就可饲喂多汁料和精料，到6~7天即可增至正常喂量。

母牛分娩14天内饲料应以适口性好、易消化吸收、有软便作用的优质青干草为主，日喂量3~4kg，让母牛自由采食。分娩14天后，饲料喂量应随产乳量的增加而逐渐增加，饲料要保证种类多样，粗饲料质量要好，特别要注意蛋白质含量和品质。同时供给充足的钙、磷、微量元素和维生素。舍饲母牛的青粗饲料应少给勤添，先粗后精；放牧母牛应尽量采用季节性产犊，最好早春产犊。

15. 母牛乏情的类型及其防治措施有哪些？

母牛的正常繁殖主要取决于正常发情，但卵巢功能失常等原因会引起母牛乏情。母牛乏情主要分为不发情和暗发情两个类型。

（1）不发情。

母牛既不发情也不排卵，往往由于疾病、气候、营养或泌乳引起。子宫内膜炎、持久黄体、卵巢发育不全是不发情的主要原因。用前列腺素直接注入子宫或肌肉注射，对持久黄体具有明显的治疗效果。用垂体促性腺激素，特别是促卵泡激素治疗卵泡幼稚型也是十分有效的。

（2）暗发情（隐性发情）。

指发情症状不明显或发情持续时间短，但母牛有卵泡发育并且排卵，产后母牛、过瘦母牛、年老体弱母牛，以及高温季节较常见。这种情况易造成漏配，应对牛群加强试情和直肠检查，使暗发情的牛也能受孕。

16. 造成母牛流产的因素有哪些？

造成母牛流产的生理因素主要有三方面：一是胎儿在妊娠中途死亡；二是子宫突然发生异常收缩；三是母体内生殖激素发生紊乱，母体失去保胎能力。造成母牛流产的原因主要有：

（1）疾病。

如母牛患布氏杆菌病、胎儿弧菌病、毛滴虫病和钩端螺旋体病等传染性疾病，以及子宫畸形、羊水增多、胎盘坏死等疾病，均可引起母牛流产。

（2）营养不足。

由于草料不足，营养不平衡，母牛瘦弱、迅速掉膘而引起。

（3）饲料中毒。

如甘薯黑斑病中毒、高粱苗中毒、饲喂发霉腐败饲料引起的中毒，均可引起流产。

（4）冷的刺激。

由于饲喂冷冻饲料、霜草、饮冷水或冰碴水，或使役后急饮冷水，均可引起母牛子宫突然异常收缩，造成流产。

（5）使役过重或不当。

如使役过重、时间过长，打冷鞭，拐急弯，上下陡坡，走滑道等。

（6）管理不当。

如牛舍过挤、互相冲撞、角斗、摔倒、滑倒、突然受惊、牛舍潮湿阴暗等。此外，粗鲁地进行直肠检查、阴道检查、孕牛误配，均可造成流产。

17. 为什么要进行肉牛体况评定？

肉牛体况评分（BCS）又称膘情评定，是一套评价牛体营养状况或体脂肪沉积量的方法。在衡量肉牛养分储备方面，它提供了一种比单纯的活重更有用、更可靠的方法，可以估计牛的体脂储备和能量平衡，是推测牛群生产力、检验和评价饲养管理水平的一项重要指标。它可帮助养牛工作者评估牛在该时期的饲养效果，并根据体况评分制定科学合理的饲养管理方案，迅速提高牛群繁殖力和生产力，获取最大经济效益，因此值得大力推广应用。

为了能够准确地确定母牛的营养需要，带犊母牛养殖场应该经常对母牛体况进行评分。每年应该至少做3次（断奶、分娩前90天、配种期）。对断奶后母牛进行体况评分，有利于准确确定哪些母牛在产犊前需要补充营养。犊牛断奶后，其母牛不再授乳，把原先用于产奶的营养转至用于增加分娩前体重。在分娩前90天进行体况评估，可使营养师有充足的时间对妊娠母牛进行日粮调整，从而保证妊娠母牛在最适体况下分娩。

18. 怎样进行肉牛体况评定？

体况评分观察的关键部位为：牛的腰至尾根的背线部分，包括腰角、臀角和尾根，通过按压腰椎部的肌肉丰满程度和脂肪覆盖程度进行评分。最常用的 BCS 体系是最早由 Wildman 等人（1982）提出的 5 分制的评分体系，而在美国、加拿大等国家，体况评分常用 9 分制的评分体系。根据下面的方程式"5 分制"与"9 分制"的分数可互相换算：$BCS(9)=[BCS(5)-1]\times 2+1$。种公牛和种母牛的体况应保持在 2.5~3.0，育肥牛得分越高越好。

5 分制的具体评分标准描述：

（1）1 分。

用手触摸牛的短肋（横突），感觉其轮廓清晰，明显凸出呈锐角，几乎没有脂肪覆盖于短肋的周围。腰角骨、尾根和胸部肋骨眼观突起明显。

（2）2 分。

用手触摸可分清每一根短肋，但感觉其端部不如 1 分体况那样锐利，有一些脂肪覆盖于尾根周围，腰角骨和肋骨不明显。

（3）3分。

只有用力下压时，才能触摸到短肋，很容易触摸到尾根部两侧区域有一定的脂肪覆盖。

（4）4分。

尽管用力下压也难以触摸到短肋，触摸尾根周围覆盖的脂肪柔软、略呈圆形，可见肋部更多的脂肪沉积，牛的整体脂肪量较多。

（5）5分。

眼观牛体的骨架结构和棱角不明显，躯体呈短粗的圆筒状。短肋被较多的脂肪包围，尾根和腰角骨几乎完全埋在脂肪里，肋骨部和大腿部明显沉积大量脂肪，牛体因过度肥胖而影响正常运动。

19. 正确的人工授精操作包括哪几方面？

正确的人工授精操作主要包括冻精解冻、装枪和输精三个步骤。

（1）冻精解冻。

细管冻精用38~39℃温水直接浸泡解冻，时间为10~15秒。解冻后的细管精液应避免温度剧烈变化，避免阳光照射及与有毒有害物品、气体接触。解冻后的精液存放时间不宜过长，应在1小时内输精。

（2）装枪。

金属输精枪应提前消毒，消毒步骤为：先用生理盐水棉球擦洗，再用75%酒精棉球擦洗，接着用蒸馏水冲洗3~4次后蒸沸30分钟，烘干后用消毒纱布包好备用。将解冻后的精液细管按程序装入输精枪内，拧下输精枪管嘴，将细管剪口的一端朝管嘴前端放入管嘴内，两手分别握住细管和管嘴，同时稍用力将细管向管嘴内旋转一周，使细管剪口端与管嘴前段内壁充分吻合，然后将细管有栓塞的一端套在推杆上，拧紧管嘴即可输精。

（3）输精。

输精前用清水洗净牛外阴部，然后用0.1%高锰酸钾溶液消毒。采用直肠把握子宫颈输精法，输精者左手戴长臂手套，涂以润滑剂，手指并拢呈锥形，缓缓插入母牛肛门并深入直肠，抓住子宫颈，右手插入输精枪时要轻、稳、慢，输精枪尽量通过子宫颈口深部输精，输精完毕后缓慢抽出输精枪，让牛安静站立5~10分钟，防止精液倒流。冻精解冻后最好在15分钟内输精完毕。

20. 何时进行妊娠检查？

母牛配种后，是否受胎怀孕，应进行妊娠诊断。通过妊娠诊断，对已妊娠牛和未妊娠牛做到心中有数，从而采取相应的饲养管理措施。对妊娠牛，需改善饲养管理，保证母体与胎儿健康发育，及时采取保胎措施，防止流产；对未配上的母畜则要查明原因，采取防止漏配措施，从而减少空怀，缩短产犊间距。发现有产科疾病要及时治疗，促使其再发情，再输精，对于屡配不孕牛也应及时淘汰。同时分析未妊娠原因，找出解决方法，最大限度地减少因空怀给生产带来的损失。

妊娠诊断的方法主要有外部观察法、直肠检查法、阴道检查法、超声检查法和激素检查法，根据不同的诊断方法确定诊断时间。

（1）外部观察法。

母牛怀孕后，一般外部表现为发情停止，食欲和饮水量增加，营养状况改善，毛色润泽，膘情变好。性情变得安静、温顺、行动迟缓，常躲避角斗或追逐，放牧或驱赶运动时，常落在牛群之后。怀孕中后期腹围增大,腹壁的一侧突出,可触到或看到胎动。育成牛在妊娠4~5个月后乳房发育加快,体积明显地增大,而经产牛乳房常常在妊娠的最后1~4周才明显肿胀。外部观察法的最大缺点是不能早期确定母牛是否妊娠。

(2) 直肠检查法。

用手隔着直肠壁通过触摸检查卵巢、子宫以及胎儿和胎膜的变化,可用于牛的早期妊娠诊断,方法准确而快,在生产中应用普遍。一般在妊娠2个月左右就可以做出准确诊断。

(3) 阴道检查法。

牛怀孕后阴道黏液的变化较为明显,该方法主要根据阴道黏膜色泽、黏液、子宫颈等来确定母牛是否妊娠。母牛怀孕3周后,阴道黏膜由未孕时的淡粉红色变为苍白色,没有光泽,表面干燥,同时阴道收缩变紧,插入开张器时有阻力感。怀孕1.5~2个月,子宫颈口附近有黏稠黏液,量很少,3~4个月后量增多变为浓稠,灰白或灰黄,形如糨糊。妊娠母牛的子宫颈紧缩关闭,有糨糊状的黏液块堵塞于子宫颈口称为子宫颈塞(栓),它是在妊娠后形成的,主要起保护胎儿免遭外界病菌的侵袭,在分娩或流产前,子宫颈扩张，子宫颈塞溶解，并呈线状流出，因此阴道检查对即将流产或分娩的牛是很有必要的。而对于检查妊娠，虽然也有一定参考价值，但不如直肠检查准确。

（4）超声波诊断法。

超声波诊断法的最大优点是它可在不损伤肉牛繁殖性能的情况下重复探查母牛生殖道，超声波诊断技术可分为超声示波诊断法（A超）、超声多普勒探查法（D超）和实时超声显像法（B超）。目前最常用的是B超诊断法。牛配种24天后可用B超诊断仪进行妊娠诊断，用探头隔直肠壁扫描子宫，可显示子宫和胎儿机体的断层切面图，以判断是否怀孕。

（5）激素反应法。

分为肌内注射法和孕酮测定法。

①肌内注射法：牛配种后18~20天，肌肉注射合成雌激素（己烯雌酚等）2~3mg或三合激素，注射后5天内不发情即可判为妊娠，此法准确率在80%以上。

②孕酮测定法：配种后23~24天采集血浆、全乳测定孕酮含量，未孕母牛的血浆孕酮含量因黄体退化而下降，怀孕母牛则保持不变或上升，其差异为早

期妊娠诊断的基础。多采用放射免疫法或酶免疫法测定血浆中孕酮的含量,以判定母牛是否妊娠。乳中孕酮含量比血液中高 5~6 倍。

肉牛饲料加工调制与饲养管理

1. 肉牛养殖过程中精粗饲料比有哪些要求？

肉牛日粮中粗饲料的作用主要包括提供营养物质的来源；作为瘤胃的主要填充物，使牛不会产生饥饿感；粗饲料可刺激肉牛瘤胃的正常生长发育，使反刍过程得以正常进行，维持瘤胃正常的生理功能，促进瘤胃微生物的生长。反刍动物缺乏粗饲料，会影响瘤胃正常的生理功能和微生物区系，提高日粮精粗饲料比会对肉牛健康造成一定影响，导致肉牛的生产性能无法达到最佳水平。

科学制定精粗饲料比，要确保粗纤维的含量。目前主要以中性洗涤纤维（NDF）或酸性洗涤纤维（ADF）来衡量粗饲料的营养作用。在配制日粮时，要确保 NDF 和 ADF 的有效含量，肉牛日粮中 NDF 不能低于15%干物质（DM）。另外，由于粗纤维的消化利用完全依赖于瘤胃微生物的分解作用，而瘤胃微生物在降解粗纤维过程中必须有充足的能量供给，非结构性碳水化合物（NSC）是微生物生长能量的主要供应物，如淀粉糖等，因此 NSC 与 NDF 的比例是否恰当必将影响瘤胃的 pH 稳定及瘤胃微生物发酵，进而影响到肉牛的生产性能和牛体健康。控制日粮粗精比例对于保持日粮内适宜的 NSC/NDF 十分重要。

标准化养殖过程中，要根据不同的育肥对象确定其营养需要量，生产小牛肉育肥主要以精料和优质粗料为主，其中精料占较大比例；生产高档牛肉，后期以高能饲料为主，同时控制粗饲料的采食量。不同的生理期要求的精粗饲料比不同，其中育成牛生理阶段是骨骼发育的主要时期，其瘤胃微生物区系发育基本健全，对粗饲料的利用率较高，应供给苜蓿等优质青绿饲料或优质青干草，搭配玉米青贮，精粗饲料比例为(35~45):(65~55)。架子牛育肥前期要供给一定量的蛋白质、矿物质和维生素饲料，以粗饲料为主，以精饲料为辅，精粗饲料比例为 (50~60):(40~50)；后期催肥阶段主要是沉积脂肪，提高肉品质，应加大能量饲料的供给量，精粗饲料比例为 (55~70):(30~45)。

2. 肉牛养殖过程中如何控制日粮蛋白质水平？

（1）犊牛期。

3月龄以前的犊牛，其生长速度较快，蛋白质需要量很大，日粮中蛋白质含量可占20%。同时，因其瘤胃发育很不完善，体内不能合成某些必需的氨基酸，搭配饲喂不同的蛋白质饲料效果较好。例如，豆饼中含赖氨酸和色氨酸较多，蛋氨酸相对缺乏，而棉籽饼中含蛋氨酸较多，赖氨酸相对缺乏，因此把二者搭配起来，氨基酸就可以互相补充，如再搭配饲喂麸皮、苜蓿草粉等饲料，效果会更好。

（2）育成牛期。

6~12月龄、体重150~200kg育成牛，日粮中蛋白质饲料占14%~17%。随着犊牛体重的增加，日粮蛋白质含量还可逐渐降低。

（3）育肥期。

育肥的架子牛体重300kg左右，蛋白质饲料在日粮中应占10%~14%。随着体重的增加，日粮中蛋白质含量可逐渐减少。到育肥末期，蛋白质饲料含量为11%即可。

3. 肉牛养殖过程中对维生素有哪些要求？

维生素是维持牛体正常代谢所必需的物质，对维持牛的生长、繁殖和健康十分重要。牛的不同生理期对维生素的需求不同，其中犊牛期、妊娠期、泌乳期对维生素 A 的需求量大。因此，维生素 A、维生素 D 和维生素 E 要根据实际情况合理添加。此外，牛对维生素 D 的需求量可以通过给牛晒太阳和饲喂太阳晒过的草，补充维生素 D。一般情况下，标准化牛场没有充分的光照或干草晒制时阳光不充足，会引起维生素 D 不足，因此要在饲料中添加。一般来说，反刍动物瘤胃微生物可以合成足够的 B 族维生素和维生素 C、维生素 K 来满足自身的需求，在饲料中不必添加。

4. 肉牛养殖过程中添加剂选择注意事项有哪些?

（1）禁止使用违禁药物。

禁止使用盐酸克伦特罗或者"瘦肉精"，肉牛体内埋植或在饲料中添加镇静剂和竞速类等违禁药物从而对动物和人类健康造成重大伤害。

（2）科学使用微量元素预混料。

在农村养殖户常常将一种添加剂同时饲喂多种畜禽而出现适得其反的现象，其原因就在于随意使用添加剂而引起某些微量元素的过量或不足而造成中毒或缺乏等综合症状。矿物质元素和重金属的残留，如微量元素的不合理使用引起的一系列食品安全。另外，大多数自己配料的肉牛养殖企业，对于预混料配合存在着搅拌过程不均匀等问题。

（3）重视维生素的使用。

目前多数养殖户只注重矿物质元素的使用，却忽略了维生素的使用。同时，微量元素和维生素之间存在协同作用，例如维生素 E 与硒、维生素 C 与铁、铜等，但目前多数肉牛养殖企业配方师基础知识缺乏，配料没有考虑到这些微量元素和维生素的合理配合使用。

5. 全株青贮玉米制作要点有哪些？

全株青贮玉米是将新鲜带穗整株玉米切碎存放到青贮窖中（即进行青贮），在厌氧条件下，利用饲料中的乳酸菌发酵糖分产生乳酸。当乳酸酸度 pH 达到 3.8~4.2 时，青贮料中其他微生物都将处于被抑制状态，使得饲料保存时间更长，营养更丰富。制作优质全株青贮玉米是一个系统工程，应遵循以下要点：

(1) 贮前准备。

①青贮数量的确定。

青贮数量的确定包括两方面的内容，一是确定牧场青贮收购（入窖）数量，可根据牧场全群饲喂青贮的牛头数计算全年需求总量；二是确定青贮玉米的种植面积。

②青贮年需求总量。

根据牛群结构和饲喂配方准确计算全株玉米青贮年需要量。

$$G = A \times B \times C$$

式中：G——青贮玉米年需求量，单位为kg；

A——成年家畜日需求量，单位为kg/(头·d)；

B——家畜数量，单位为头；

C——饲喂时间，单位为天。

③青贮制作过程能量损失。

青贮玉米收购（入窖量）在需求量的基础上增加10%～15%，原因是青贮玉米制作过程中受汁液流失、植物细胞呼吸和菌群活动影响造成12%～25%的损失，渗出液、二次发酵、饲喂过程好氧变质的损失是可以避免的。

④青贮窖管理。

制作青贮前1周清理青贮窖,青贮前1~2天清扫并消毒,消毒后的青贮窖在窖壁铺8~10丝的透明薄膜或10~12丝的黑白膜。

(2)全株玉米青贮品种的选择。

要选择适合本地区的优良高产品种,即具备青秆、粗秆、甜度高、含糖量高、粗纤维含量低、单株及密植产量高特点的专用或兼用青贮品种。

(3)适时刈割。

青贮玉米最佳收割期是在蜡熟中期,即乳线1/3~2/3时,此时干物质含量在28%~35%。青贮玉米收获过早,水分含量高、籽粒成熟度低、淀粉含量低、饲料能量低,制作青贮时营养损失严重,易造成丁酸发酵,青贮发臭发黏,失去食用价值。青贮收获过晚,粗纤维含量高,消化率降低,泌乳净能降低,装窖时不易压实,残存大量空气,霉菌、腐败菌大量繁殖,青贮霉烂变质。

(4)留茬高度。

留茬高度应大于20cm,最佳留茬高度在30cm以上。留茬过低会增加青贮玉米木质素与粗灰分含量,造成青贮玉米消化率降低,并导致青贮玉米根部的泥土带入青贮中,造成梭菌发酵产生丁酸,且会增加青贮中硝酸盐含量。

(5) 切割长度与籽粒破碎。

合理的切割长度是保证反刍动物有效纤维的前提下达到制作过程压实的目的。籽粒破碎的目的是提高动物的淀粉消化利用率。

①切割长度。

青贮玉米的切割长度取决于干物质含量的高低。干物质含量低,增加切割长度;干物质含量高,降低切割长度。切割长度小于0.4cm,有效纤维不足,会引起动物无法反刍,造成瘤胃pH下降,引起瘤胃酸中毒。

②籽粒破碎。

破碎的玉米籽实更容易发酵,利于动物吸收,未破碎玉米籽实消化率低。经过籽粒破碎的青贮玉米淀粉消化率最高可达到95%以上。

(6) 压实密度。

压实密度直接影响青贮品质、干物质损失率;密度越大残留空气越少,干物质损失越少。正确压实的青贮,内部温度不超过30℃,说明不完全是乳酸发酵,此时应加喷青贮添加剂,并加快卸料与压窖速度，提高压窖密度，否则会导致青贮品质下降，甚至造成青贮失败。对于青贮玉米来说，压实密度氧气含量应小于 $1.2L/m^3$；对于青贮苜蓿来说，压实密度氧气含量应小于 $1.0L/m^3$。

（7）封窖。

密度达到要求，要进行封窖，下边铺一层透明膜或阻氧膜，两边各延伸 50cm，上面覆上黑白膜（黑色），两边各延伸 1m，最后再压上轮胎或沙袋，这样能够有效防止雨水和空气的倒灌，一定要保证外面黑白膜比里面的塑料膜多出来一截。

6. 如何选择淘汰奶牛进行育肥？

由于奶牛淘汰原因很多，情况较为复杂，因此不是所有的淘汰奶牛都适合育肥，应按照标准进行选择：

（1）年龄。

经产牛应在 8 岁以下（不超过 6 产），年龄过大不适合育肥。

（2）体型外观。

要求体型大、健康、食欲强、背腰平直、四肢强健能耐受增加的体重负担。瘦弱、体型小、弓腰或塌背或神经质的牛不适合育肥。

（3）健康。

一定要来自非疫区，无任何传染病，引进时要有当地兽医部门的检疫证明。重度乳房炎、重度肢蹄病、采食困难、患有难以治愈的胃肠道疾病或全身性疾病者不适合育肥。

7. 肉用母牛养殖注意事项有哪些？

肉用母牛的饲养在不同年龄阶段，其生长发育特点和消化能力都有所不同。因此，在饲养方法上也有所区别。

断奶至周岁：可以饲喂全株玉米青贮饲料，此期喂给的饲料，除了优良全株玉米青贮外，还必须适当补充一些精饲料，以补充能量和蛋白质的不足。

12月龄至妊娠：此阶段可喂混合料2.5kg，玉米青贮13~20kg，青干草2.5~3.5kg。一般优质青贮料的日喂量为每100kg体重5kg，但要监测体况，过肥可减少全株青贮玉米的用量。

妊娠至分娩：为提高饲料营养浓度，即减少全株青贮的用量，增加精料，可每日补充 2~3kg 精料。精料与粗料比以（25~30）:（70~75）为宜。

8. 肉牛育肥过程中为什么饲料要稳定？

肉牛是复胃动物，有四个胃，其中功能最强大的是拥有功能特殊的瘤胃。瘤胃内含多种微生物，是肉牛消化利用粗饲料的基础。瘤胃内微生物的种类和数量只有保持稳定才能保证肉牛健康。而只有在固定的日粮条件下，瘤胃微生物才能保持稳定。日粮变化瘤胃内的微生物会发生相应改变，但这种改变的完成需要一定时间。如果饲料改变过快，轻则会使肉牛食欲和饲料利用率下降，重则会引起代谢疾病。如果喂量不稳定，也会导致日增重和饲料利用效率降低。因此，应保持饲料种类和组成以及喂量的相对稳定。

9. 肉牛育肥是拴系好还是散养好？

拴系的好处是节约牛舍空间，便于管理，缺点是饲养密度增加，影响牛舍环境，容易诱发疾病。散养的好处是牛一定程度上能自由活动，患病率较低，但需要较大的养殖用土地。拴系和散养在增重速度上没有太大区别，可根据具体情况来选择采取哪种方式。需要注意拴系养殖时，需要保证拴牛链（绳）的长度足够牛的起卧和采食。2011年新开发了一种现代化的TMR（全混合日粮）围栏育肥模式，公牛不去势、不拴系，生长速度不受自由活动的影响，几乎无病患，固定资产投资极少，当年投资，当年产生纯收益。

10. 从哪些途径加强肉牛养殖过程中的信息化管理？

实现养牛环节的信息化管理，为每头牛建立标准的信息档案，有条件牛场可以给牛佩戴耳标，为做到肉牛精细化养殖管理提供数据支撑，尽可能低的控制养殖及管理成本，达到提高经济效益的目的。

（1）肉牛的档案管理。

信息化系统可以通过每头牛佩戴唯一电子耳标的编码，实现牛只档案信息管理，这些信息数据可实现永久保存。条件允许情况下，可以配合相应的电子设备使用，能快捷地对每头牛进行精细化管理。

充分地将信息转化为提高生产效率的手段,降低人工成本。

(2)实现母牛繁殖管理。

通过电子耳标的识别,信息系统可对每头繁殖母牛配种记录、产犊记录等,系统可以适时提醒,提高繁殖效率。从系统中能够快速查询母牛的胎次、产犊记录、犊牛健康情况、配种日期、接生状况等信息。

(3)饲喂记录管理。

记录具有电子耳标牛的饲喂信息,包括不同配方对不同牛群饲喂效果,不同圈舍、不同头数日粮总供应量的改变,根据牛的调整,调整供应量等等。能够分析日、月、年的饲喂数据,具有准确计算出每头牛的饲喂成本,等等。

(4)成本核算管理。

系统通过对收集到的基础信息进行准确、详细地记录。之后可以对信息进行分类、汇总自动生成相关报表,让养殖企业的管理者更直观地从基础数据进行更科学化的管理。因而采用信息管理系统,可以大大提高肉牛场工作效率,有效地控制养殖成本,为养殖场增加更多的利润。

11. 如何从科学化管理角度提高肉牛养殖效率？

（1）讲究科学，从牛场选址、规划及牛舍建设方面提高养殖效率。

好的牛场选址、科学的牛舍设计、尽可能低成本的建筑材料是实现肉牛养殖利润的前提条件，不要盲目求大，要量力而行，没有资金就不要一次性建设到位，要逐步完善，尽量避免固定资产投入过多而影响到生产流动资金。

肉牛舍的选择要遵循"科学、实用、舒适、环保"的原则。选择附近有较好的饮用水水源且无污染的场所，并且选择背风向阳、地势较高且干燥的场所。

不管是新建牛舍还是改建牛舍，一定要根据资金的大小、场地条件、市场的需求、周边的饲草饲料资源等情况来具体确定牛场的规模。要结合当地实际，因地制宜，科学选址，合理布局，统筹安排，要经济实用，便于管理，同时符合疫病防控和环境卫生等要求。

（2）通过精细化管理降低可繁母牛饲养成本。

通过营养调控技术，使产后母牛尽早恢复体况，适时配种，确保一年一胎。优化和配制经济日粮，既要保证母牛有适度的膘情，又要保证胎儿正常发育，达到使母牛能够正常产犊和哺乳的目的即可。

（3）提高管理精细化程度提高肉牛育肥效率。

养殖人员在肉牛育肥过程中不仅要注重肉牛喂养技术的制定，同时还应善于采用多种管理手段提升养殖水平。通过对牛舍的卫生程度、温湿度控制进行量化管理，考核管理人员，与绩效挂钩。要求在养殖过程中要每天做到观察牛群的精神状态，对周围环境的敏感性，观察被毛和皮肤的状态，观察行走姿势，观察鼻镜和鼻腔，观察饮食状况，观察牛的嗳气和反刍情况，等等。

12. 如何通过肉牛的牙齿来判断年龄？

（1）区分乳齿与永久齿。

牛的上颌无门齿，仅有坚硬的齿板，下颌骨有 4 对门齿，中间向外依次称为钳齿、内中间齿、外中间齿和隅齿。肉牛的牙齿可分为乳齿和永久齿，先长出的是乳齿，随着年龄的增长，逐渐脱落而换生永久齿。乳齿共20枚，没有后臼齿，而永久齿共32枚。

（2）12月龄之前判断方式。

犊牛出生时一般有1~3对乳门齿，生后15天内一般能够长出最后1对乳门齿。具体不同月龄判断如下：

3~4月龄：乳隅齿发育完全，全部乳门齿都已长齐而呈半圆形。

4~5月龄：乳门齿已全部长齐，钳齿和内中间乳齿稍微磨损。

5~6月龄：外中间乳门齿磨损，有时乳隅齿边缘也有磨损。

6~9月龄：乳门齿齿面继续磨损，磨损面扩大。

10~12月龄：乳门齿齿冠整个舌面磨完。

（3）5岁之前判断方式。

1~5岁主要根据乳齿脱换成永久齿的对数来判断牛的年龄，具体方法如下：

1.5~2岁：乳钳齿（第一对）脱落，换生永久齿，俗称"对牙"。

2.5~3岁：乳内中间齿（第二对）脱落，换生永久齿，俗称"四牙"。

3~3.5岁：乳外中间齿（第三对）脱落，换生永久齿，俗称"六牙"。

4~5岁：乳隅齿（第四对）脱落，一般4.5岁长出永久齿，并逐渐发育，到5岁左右隅齿长齐，俗称"齐口"。

（4）5岁之后判断方式。

5岁之后的牛主要根据四对永久齿的磨损情况来判断牛的年龄，具体如下：

6岁：钳齿磨面扩大，呈椭圆形，磨面逐渐变深。

7岁：内中间齿出现椭圆形磨面，钳齿磨面逐渐变成近似三角形。

8岁：外中间齿出现椭圆形磨面，内中间齿磨面逐渐变成近似三角形，钳齿磨面逐渐磨成近似四边形。

9岁：钳齿出现齿星（牙齿磨到一定程度，在门齿的嚼面上可见到近似圆形的、黄褐色的被齿质充填后的齿髓腔痕迹，称为齿星），隅齿开始磨成椭圆形，内中间齿呈近似三角形，外中间齿的磨面都磨成近四方形。

10岁：钳齿和内中间齿均出现齿星。

11岁：钳齿、内中间齿和外中间齿均出现齿星。

12岁：所有四对门齿均出现齿星。

13. 肉牛营养需要主要包括哪些方面？

肉牛的营养需要，是指肉牛在生活、生长、繁殖和产肉等过程中对营养物质的需要量。一般是以每头每天对能量、蛋白质、矿物质及维生素的需要量来衡量。

（1）肉牛对能量的需要。

肉牛对能量的需要一般可分为维持与生产两部分。所谓维持能量需要，是指满足牛既不增重又不减重的情况下，维持正常生命活动所需的能量；所谓生产能量需要，是指肉牛用于生产所需要的能量，一般指的是增重的能量需要或生长的能量需要。

（2）肉牛对蛋白质的需要。

传统的肉牛蛋白质营养是用粗蛋白（CP）或可消化粗蛋白表示。可将蛋白的需要分为维持蛋白需要和增重蛋白需要两部分。维持蛋白需要是指维持生命活动所需的蛋白质，主要包括内源尿氮和代谢粪氮及体表损失；增重蛋白质需要是根据增重中的蛋白质沉积量而确定。

(3) 肉牛对矿物质的需要。

分为常量元素和微量元素两部分,常量元素主要包括:食盐、钙、磷、硫、镁等;微量元素主要包括钴、铁、铜、锰、锌、碘、硒、铝、氟等。

(4) 肉牛对维生素的需要。

维生素是肉牛生长发育、维持正常的生理功能所必需的营养物质。缺乏维生素会造成生长缓慢、生产性能不佳或影响肉牛正常生理功能的发挥,严重缺乏维生素会造成动物死亡。因此,要依据不同阶段肉牛营养需要合理补充必要的维生素。

14. 为什么提倡肉牛养殖使用全混合日粮(TMR)技术?

TMR 饲喂技术应用于肉牛的养殖具有很大优点,具体如下:

(1) 保证营养均衡采食。

全混合日粮的原料组成及比例完全人为控制,保证肉牛吃进嘴里的比例是科学、合理的,有利于消化吸收,大大减少消化道疾病。

(2) 提高肉牛生产性能。

全混合日粮中的营养成分可以根据不同品种、不同生长阶段、不同体重等因素进行科学配比和供给，能够极大的发挥牛的生长潜力和提高生产性能。

(3) 提高饲料利用率。

因全混合日粮营养成分更加丰富全面、配比更合适，在选用和组合日粮时，充分考虑了每种原料和混合饲料的采食量，尽可能地提高饲料的转化率。

(4) 能充分利用当地饲料资源。

全混合日粮可以通过多种原料配合可提高饲料适口性，增加了饲料原料的种类，能充分利用当地饲料资源，尽可能降低饲料成本，提高养殖效益。

(5) 能够降低饲喂管理成本。

全混合日粮饲养技术操作简单，能够节约劳动力，提高工人的工作效率，大大节约了饲喂人工成本。

15. 采取怎样的措施能够提高肉牛采食量？

饲养肉牛只有多吃才能快长。因此，我们要千方百计让肉牛多吃，具体可采取如下措施：

（1）日粮中精料和粗料要合理搭配，更换草料时要逐渐过渡。粗饲料经粉碎、软化或发酵后与精饲料混合，有条件的可制成全混合日粮（TMR）或者颗粒饲料。当精料较少时，可采用以精带粗的方式喂给，尽可能使其多吃。

（2）为了保证肉牛的食欲，要坚持投喂青绿多汁饲料或青贮饲料，但一定要注意，更换不同草料时应逐渐过渡。

（3）养肉牛最好采用自由采食的饲喂方式，保证较弱的牛也能够吃到足够的日粮，并确保每头肉牛有足够的槽位宽度。注意食槽的表面应光滑，每次上食槽饲喂的时间不应少于2小时。

（4）剩料再次喂牛时，添加量不应超过新料的5%。拴系饲养时颈链要有足够的长度，保证牛能够采食到所有的饲草、饲料。

（5）夏季要注意防暑降温、冬季要做好防寒保温工作。在夏季尽量在早晚凉爽时饲喂，或夜里多喂1次；饲料不要在食槽中堆积，防止发热、变酸。饮水要充足，夏天水温要低一些，冬天水温应高一些。做好冬季牛舍的防寒保暖有助于减少热消耗、提高饲料转化率。

(6) 注意日粮的蛋白质平衡和纤维平衡。若牛采食精料过多、粗饲料不足，会引起瘤胃轻度酸中毒，必要时添加一些瘤胃缓冲剂。在饲料中可适当添加增食剂和健胃药，以增加牛的采食量。

(7) 为了提高牛粗饲料采食量，可在粗饲料中适量添加糖蜜。

16. 哪些因素可以影响到肉牛干物质采食量？

（1）牛的体重。

不管在什么条件下饲养，牛的体重是决定采食量的主要因素，牛在达到350kg体重前日采食量迅速增加，之后增加缓慢。每千克增重所需营养物质量是随着体重增加而消耗增多。

（2）牛的性别。

阉牛日采食量要高于母牛10%~30%，公牛日采食量一般高于阉牛10%~15%。

（3）牛瘤胃发育情况。

瘤胃容积大小对牛的采食量起着最主要作用。其容量越大，采食量越多。因此在犊牛期要早期补草、补料、多给优质粗饲料，促进瘤胃早期发育，增大容量和消化能力，为肥育期提高采食量打下良好基础。

（4）饲料质量。

饲料质量决定于各组分的鲜嫩度和适口性。饲料越鲜嫩、适口性越强，采食量越多，消化率越高的粗饲料采食量越多。此外所含添加剂、调味剂和药物种类都影响饲料采食量。

（5）饲料的形态。

喂饲切短或粉碎的干草则采食时间短，采食速度加快，采食量增加，虽然粉碎能增加采食量，但过度加工缩短了饲料在瘤胃内停留时间，常引起粗纤维消化率降低，同时粉碎处理将加速瘤胃内挥发性脂肪酸生成，增加丙酸含量，引起瘤胃 pH 下降，所以粉碎粗饲料应作为颗粒成型处理或化学处理的前处理，低品质秸秆饲料粉碎后浸泡或添加尿素则消化率提高，采食量增加。

（6）饲料营养水平。

肥育期提高能量水平，可提高采食量。其他营养成分如蛋白质、维生素和矿物质，对饲料采食量影响不大，但缺乏时采食量减少。缺锌尽管不是很严重，但可引起采食量减少，生长速率减慢，抵抗力下降。

（7）饲喂制度。

观察牛的采食行为就会看到不论白天或夜间，只要饲槽里有饲料，牛总是反复地进行采食和反刍；当牛需要采食时，而饲槽里无饲料，就容易造成采食量减少，干物质进食不足。因而饲喂次数与饲料搭配会影响总采食量。所以，在日常管理上尽可能做到及时补草、补料。

17. 利用发酵饲料饲喂肉牛有哪些好处？

饲料通过发酵之后，具有以下主要优点：

（1）发酵饲料是经过乳酸菌、酵母菌和芽孢杆菌等混合厌氧发酵，经发酵后的饲料质地均匀、蓬松，改善了饲料适口性，具有独特的醇香味，营养丰富，可提高牛的免疫力和抗病力。

（2）通过发酵，有益微生物菌群优势明显，对预防牛的胃肠道疾病、防治拉稀具有一定的作用。

（3）发酵过程可以产生优质短链纤维，在胃肠道内有利于微生物更好利用，充分分解成为挥发性脂肪酸，提高肉牛对能量饲料的利用率。

（4）研究表明某些乳酸杆菌可抑制霉菌的生长及

毒素的产生、嗜酸乳酸杆菌可抑制寄生曲霉的孢子萌发、代谢产生的甘露聚糖可以有效地降解黄曲霉等。因此，通过发酵处理，能够降解有些饲料原料中可能存在的毒素。

（5）经过发酵之后饲料中的纤维素、淀粉、蛋白质等复杂的大分子有机物在一定程度上降解为动物容易消化吸收的单糖、双糖、低聚糖和氨基酸等小分子物质，从而提高饲料的消化吸收率。

（6）饲料发酵后能产生促生长因子，不同的菌种发酵饲料后所产生的促生长因子含量不同，这些促生长因子主要有有机酸、B族维生素和未知生长因子等等，对肉牛具有极大的益处。

因此，通过研发和推广适宜于肉牛养殖的发酵饲料对肉牛产业技术创新将带来巨大效益。

18. 如何正确认识和利用肉牛的补偿生长特点？

补偿生长是指幼年牛在生长发育的某阶段因饲料条件差、营养不足，使生长速度下降、生长发育受阻，当恢复高营养水平饲养时，则牛的生长速度在一段时期内，比正常饲养的牛要快，把生长发育受阻阶段损失的体重弥补回来，并恢复正常体重或超过正常的体重，这种生长特性称为补偿生长。

利用肉牛补偿生长是实现肉牛高效育肥重要科学依据。但是，利用好这一特性需要有一些注意事项，具体如下：

（1）犊牛在胚胎期发育和生长没有受到影响，即出生时各器官、系统、体质等均正常，为健康小犊牛并非弱犊。

（2）犊牛哺乳期营养条件及饲喂条件较好，即犊牛期生长未受到影响。

（3）生长早期在一定程度内营养缺乏，影响到牛的体重，但未影响到牛的骨骼、内脏器官等的发育，否则所形成的"僵牛"是无法实现补偿生长的。

（4）低营养水平饲养期一般不超过半年，否则会影响到牛的体质健康。

（5）个体比较大、比较瘦，食欲好、消化系统功能强的牛补偿生长效果较好。

（6）所选牛瘦的原因是由于营养不足，而并疾病所致，即一定要选择健康无病的牛。

19. 肉牛育肥前如何正确选择架子牛？

架子牛育肥是指犊牛断奶后，在粗放的条件下，饲养到2~3岁，体重达300~350kg时，再把这些牛集中起来，采用高强度育肥3~6个月，充分利用肉牛的补偿生长特点，进行育肥。正确选择架子牛，对育肥效果影响较大，选择架子牛考虑的主要因素如下：

（1）正确选择品种。

品种的好坏对育肥效果影响非常大。首先要选择好的、适合本地区饲养的肉牛品种，尤其是杂交品种效果最好。杂交肉牛品种能够产生杂交优势，具有较高的生产性能和好的育肥效果。例如，选择西门塔尔牛、夏洛来牛、利木赞牛等肉牛品种与本地黄牛的杂交后代，也具有较好的效果。

（2）性别的差异。

公牛的生长速度和饲料利用效率高于阉牛，阉牛的育肥效果又优于母牛。

（3）年龄和体重。

最好选择12月龄左右的架子牛进行育肥，年龄不应大于18月龄，体重最好在300~350kg，用此阶段的牛进行育肥，生长速度快，饲料转化率高，育肥效果好。

（4）选择体型。

同一品种之间也存在较大的个体差异，根据肉牛外貌选好架子牛。育肥效果好的牛通常具有的特点是：头短宽、嘴大口裂深、颈短粗、胸围大且深、臀部宽；体躯深长、背部平宽、胸腰臀部宽广且成一直线；四肢粗壮，被毛光亮，性情温顺，整体显示出体质健康特征。

20. 新购肉牛到场后怎样进行管理和饲养？

（1）提前准备好牛舍。

在进牛之前提前准备好隔离牛舍，千万不要与本场原有牛混圈饲养。对牛舍进行修缮、清理及消毒，这一工作一般要提前一周完成，应清洗地面之后，用2%的火碱溶液进行消毒、墙壁喷洒消毒液；对水槽、料槽、用具等进行消毒处理。

（2）做好记录工作。

为了便于管理，对新购来牛要进行编号、称重等，并做好记录。

(3) 进行驱虫健胃。

购买回来之后应对牛进行驱虫,常用的驱虫药物有阿维菌成分的驱虫药、丙硫苯咪唑、敌百虫、左旋咪唑等。驱虫时要注意：内服驱虫应在空腹时进行,以利于药物吸收和发挥作用；驱虫后架子牛应隔离饲养两周,粪便进行消毒后进行无害化处理。

(4) 及时饮水。

新购进来的牛多数经过长距离、长时间的运输,应激反应大,胃肠食物少,体内严重缺水,所以要及时给牛补水,让牛喝到干净卫生的水。第一次饮水切忌暴饮,通常饮水量控制在 15~20L,另外可以每头牛补食盐 100g。间隔 3~4 小时后可以再饮第二次水,以后就可以自由饮水了。

(5) 第一次饲喂。

第一次只供给干草（尽可能准备优质的青干草）,时间一般是饮水之后即可供给。第一次饲喂青干草的量不宜太多,一般控制在每头牛 4~5kg 即可,第二天后逐渐增加饲喂量,三天以后就可以自由采食了。

(6) 合理补喂精料。

补喂精饲料的时间一般是入场不能喂给精料,第二天开始喂给,并且少喂,全天喂量一般不超过体重的0.3%,第三天到第五天,每天喂量一般不超体重的0.5%,以后可以逐渐加量。

肉牛疫病防治

1. 牛的常见病有哪些？

牛常见病分为四类：

第一类是传染病，有牛结核、牛布鲁氏菌病、牛大肠杆菌病、牛魏氏梭菌病、牛巴氏杆菌病、牛沙门氏杆菌病等细菌病；口蹄疫、传染性鼻气管炎、流行热、病毒性腹泻等病毒病。

第二类是寄生虫病，有牛线虫病、牛焦虫病、血吸虫等寄生虫病。

第三类是普通内外科疾病，有牛瘤胃臌气、创伤性网胃心包炎、难产等。

第四类是中毒性疾病，有农药、霉饲料、闹羊花等中毒，不同的病有各自的特征表现。

2. 怎样理解牛的传染病？

牛的传染病是由一些病原微生物引起的具有传染性和流行性的疾病，大多数耐过传染病的牛能获得特异性免疫，而且被感染的机体能发生特异性反应，大多数传染病具有一定的潜伏期和特征性的临诊表现。

3. 牛传染病是怎样发展的？

牛传染病的发展过程在大多数情况下可分为四个阶段，即潜伏期、前驱期、明显（发病）期和转归期。潜伏期是病原体侵入机体并进行繁殖时起，到出现临诊症状为止，这段时间称潜伏期。前驱期是潜伏期过去以后即转入前驱期，即有临床症状出现，如牛厌食、体温高等。明显（发病）期是前驱期之后，表现出该种传染病的特征性的临诊症状。转归期（恢复期）是牛机体的抵抗力得到改进和增强，可以转入恢复期。如果病原体的致病性增强，或牛机体的抵抗力减弱，那么牛可能发生死亡。

4. 牛传染病是怎样进行传播的？

牛传染病的传播途径主要分为直接接触性传播和间接接触性传播。直接接触传播是在没有任何外界因素的参与下，病原体通过被感染的牛（传染源）与健康的牛直接接触（交配等）传染的传播方式。间接接触传播是必须在外界环境因素的参与下，病原体通过传播媒介（污染的物体、饲料、饮水、土壤、空气、活的媒介物等）间接地使健康的牛发生传染的方式。

5. 养殖场发生烈性传染病时，应当怎么办？

第一，要及时上报疫情。当牛发病、死亡时，饲养人员应立即通知兽医人员，迅速确诊，一旦确诊为传染病应立即向有关部门上报疫情，并通知邻近单位和有关部门注意做好预防工作。

第二，要隔离检疫。当牛发生传染病时，根据检疫结果，应将牛群分为病牛、疑似感染牛和假定健康牛。对病牛应隔离于舍内，设专人护理，并对其治疗；疑似感染牛有可能为潜伏期的病牛，应在消毒后进行紧急预防接种和药物预防，并集中观察，若经一定期限不发病，即可解除隔离；假定健康的牛应进行预防接种和采取相应的保护措施。

第三，要封锁现场。当发生烈性传染病时，除严格隔离病牛外，应立即划区封锁。封锁应以"早、快、严、小"为原则，即在流行初期果断采取封锁措施，严密封锁，范围不宜太大。在封锁区内，对所有牛进行免疫接种，对严重病牛应采取扑杀措施，在最后一头病牛死亡后观察一段时间，若再无疫病发生，应对牛场全面消毒后解除封锁。

第四，尸体处理。死于传染病的牛尸体应妥善处理，否则会造成新的传染源，危及其他健康牛。

6. 什么是牛传染性鼻气管炎？如何防治？

牛传染性鼻气管炎（IBR）是由牛疱疹病毒 I 型引起的牛呼吸道接触性传染病，血清流行病学调查显示，该病呈迅速蔓延趋势，流行率高达40%及以上。病牛和带毒牛是其最为主要的传染源，病毒会随着它们的排泄物、鼻液以及阴道分泌物等排出，通过飞沫、空气、精液和接触传播，此外，病毒也可通过垂直传播方式侵入胎儿引起流产。由于病毒广泛的组织器官嗜性，可引起多种临床症状，并分为几种类型：呼吸道型表现为浆液性鼻涕、发烧和肺炎；眼炎型一般不会表现出明显的症状，偶尔表现出角膜浑浊等症状；生殖道型表现为阴茎头包皮炎或脓疱性外阴阴道炎；病情继续发展可形成脑膜脑炎型，多发于犊牛，前期表现为共济失调，后期表现为角弓反张而死亡，病程短，死亡率高。

有条件的养牛场可采用疫苗免疫，一般选择 gE 基因缺失苗，该疫苗可后期进行与野毒感染的血清学鉴别诊断，有利于疾病的净化。流行率较低的养牛场可采取检疫扑杀的综合净化措施。同时加强饲养管理，增强牛的免疫力，同时对牛场进行消毒措施等。目前该病无有效的治疗方法。

7. 什么是牛巴氏杆菌病？如何防治？

牛巴氏杆菌病是由多杀性巴氏杆菌引起的一种败血性传染病。急性经过主要以高热、肺炎或急性胃肠炎和内脏广泛出血为主要特征。中国牛群中流行的多杀性巴氏杆菌血清型存在时间变迁，以前流行菌株多为 B 型，而近几年，A 型菌株的报道逐年增多。从致病特征来看，B 型菌株多引起牛出血性败血症，而 A 型菌株主要引起犊牛急性纤维素性与出血性肺炎等呼吸系统疾病。

疫苗免疫是预防牛巴氏杆菌病的重要方式，但需要注意变态反应；同时需要加强饲养管理，使用具有促进免疫的中药，增强牛群免疫力；还可使用抗生素进行对症治疗。

8. 什么是牛支原体病？如何防治？

牛支原体病是由支原体引起的疾病，主要临床表现为肺炎、关节炎及奶牛乳腺炎等。牛支原体病在牛群中广泛存在，该病的主要传染源为患病动物及带菌动物，包括痊愈动物及隐性感染动物。病原体主要存在于动物的鼻腔，其次是乳腺。近距离相互接触是传播本病的主要方式，易感牛通过接触患病牛只的唾液、分泌物、排泄物而感染，也可通过交配、吃乳、人工接种受感染的精液而感染。病牛一旦污染牛舍的环境、器械和工具，构成传播媒介，往往会形成持续不断的感染。

牛支原体病的临床症状和病理特征与其他引起肺炎的细菌和病毒类似，需要借助实验室分析。疫苗均为进口，尚未国产化，有条件的养牛场可使用；临床上主要采取减少运输应激，增强牛群免疫力，以及加强饲养管理、环境消毒等措施。由于该病特殊的病原特征，一般抗生素药物效果差，主要以预防为主，推荐使用的抗生素为阿奇霉素、氧氟沙星等,注意保证药物足够的疗程和使用剂量。

9. 牛寄生虫病病原体包括哪些?

牛寄生虫病的病原体包括吸虫、原虫、蠕虫、昆虫等。牛本身宿主与寄生虫之间互相对抗,决定了牛宿主对寄生虫的感染表现为不同程度的临床表现、病理变化及免疫特点。寄生虫病对牛的危害是非常大的。

10. 牛胃中常见寄生虫有哪些?

寄生于瘤胃壁和网胃的常见寄生虫有前后盘吸虫,寄生于真胃的常见寄生虫有毛细线虫、古柏线虫、血矛线虫、毛圆线虫,长刺线虫。

11. 牛肠道常见寄生虫有哪些?

寄生于小肠中的常见寄生虫有隐孢子虫、球虫、莫尼茨绦虫、类圆线虫、犊牛新蛔虫、仰口线虫、古柏线虫、血矛线虫、毛圆线虫、小袋虫等。

12. 牛肝脏中常见寄生虫有哪些？

寄生于肝脏中的常见寄生虫有片形吸虫、弓形虫、新孢子虫、双腔吸虫、细颈囊尾蚴、棘球蚴等。

13. 肉牛感染寄生虫病的途径有哪些？

不同的寄生虫种类侵入肉牛的途径不同，有的只有一种途径感染，有的可经过多种途径感染。经口感染：吞食寄生虫感染性虫卵、感染性卵囊或感染性幼虫污染的饲料或饮水等感染。经皮肤感染：寄生虫的幼虫接触牛皮肤后，直接穿过牛体内。经空气感染：小的寄生虫虫卵或卵囊飘浮在空气中，牛呼吸到感染性虫卵或卵囊而感染。经生物媒介感染：生物媒介将自己携带的寄生虫通过叮咬、吸血等方式带入到牛体内。

14. 牛感染隐孢子虫后症状有哪些？应如何防治？

新生犊牛对隐孢子虫的易感性较高，可侵害 1~8

月龄的犊牛。患病犊牛主要表现精神沉郁、食欲缺乏、消瘦、虚弱无力、腹泻、粪便中有大量纤维素和血液，体温有时升高，死亡率可达16%~40%，耐过后生长发育受阻。目前，尚无治疗隐孢子虫的特效药。重点是预防，做好环境的消毒，对隐孢子虫卵囊有抑杀作用的消毒药有10%甲醛、5%氨水和漂白粉等。

15. 如何治疗牛异嗜癖？

治疗原则是缺什么，补什么。继发性的疾病应从治疗原发病入手。

（1）钙缺乏的补充钙盐。如磷酸氢钙。注射一些促进钙吸收的药物如1%维生素D 5~15ml，维生素AD 5~15ml，也可内服鱼肝油20~60ml。碱缺乏的供给食盐、小苏打、人工盐。

（2）贫血和微量元素缺乏时，可内服氯化钴0.005~0.04g，硫酸铜0.07~0.3g。缺硒时，肌肉注射0.1%亚硒酸钠5~8ml。

（3）调节中枢神经可静脉注射安溴100ml或盐酸普鲁卡因0.5~1g。氢化可的松0.5g加入10%葡萄糖中静脉注射。

（4）瘤胃环境的调节：可用酵母片100片，生长素20g，胃蛋白酶15片，龙胆末50g，麦芽粉100g，石膏粉40g，滑石粉40g，多糖钙片40片，复合维生素B 20片，人工盐100g混合一次内服。1日一剂连用5天。

16. 如何治疗牛前胃弛缓？

为排出前胃内容物，可选用缓泻止酵剂，如硫酸钠、酒精、鱼石脂或豆油1000ml。为加强前胃蠕动，可用灌服酒石酸锑钾和番木硫氯酚，同时配合瘤胃按摩和牵引运动。当呈现酸中毒症状时可用葡萄糖盐水、碳酸氢钠、安钠咖静脉注射。

17. 如何治疗牛胃肠炎？

治疗，首先要除去病因，加强护理，绝食1~2天，以后喂给少量柔软易消化的饲料，病初或虽排恶臭稀便，但排粪不通畅时，应清理胃肠，给予300~400g硫酸钠（镁）缓泻药等。当肠内容物已基本排空，粪的臭味不大而仍腹泻不止时，则要止泻，用0.1%高锰酸钾液3000~5000ml内服，或用其他止泻药。消除炎症，可选用抗生素等。肠道出血可给予维生素K。此外，应根据情况给予补液和缓解酸中毒。

18. 如何治疗牛膀胱炎？

治疗原则是抗菌消炎、防腐消毒和对症治疗。灌洗膀胱，选用导尿管导出尿液，再经导尿管注入生理盐水灌洗，然后再用1%~3%硼酸溶液、0.1%高锰酸钾溶液、0.1%雷佛奴尔（依沙吖啶）反复灌洗2~3次。慢性的，用0.02%~0.1%硝酸银溶液或0.01%~0.1%蛋白银溶液灌洗。消毒尿路，可用40%的乌洛托品50~100ml，一次静脉注射，每天2次，连用3~5天。抗菌消炎，用青霉素100万~200万IU，加上50ml生理盐水或0.5%普鲁卡因，混合一次注入膀胱，每天1~2次，连用3~5天。

19. 如何防治牛尿素中毒？

治疗：可立即灌服1%~3%醋酸3000ml，糖

250~500g，加水 1000ml；或食醋 500ml，加水 1000ml，内服。也可用 10%葡萄糖酸钙 200~400ml，或 10%硫代硫酸钠液 100~200ml，静脉注射。另外可用樟脑磺酸钠注射液 10~20ml，皮下或肌肉注射进行强心；三溴合剂 200~300ml，灌服进行镇静。对瘤胃臌气的病牛，可进行瘤胃穿刺放气。继发上呼吸道、肺感染的病牛，可用抗生素治疗。

预防：用尿素作饲料添加剂时，不应超量，在饲喂方式上应由少到多，不间断饲喂。尿素以拌在饲料中喂较好，不得化水饮服或单喂，喂后 2 小时内不能饮水。如日粮中蛋白质已足够，不必加喂尿素。犊牛不宜饲喂尿素。对尿素类化肥，要加强保管，安全使用，防止被牛偷食或误食。

20. 如何防治牛维生素 A 缺乏症？

预防：主要是合理配合日粮，加强饲料保存，保证饲料中有足够胡萝卜素含量；注意肝脏疾病和胃肠疾病的预防和治疗；对妊娠母牛要适当运动，多晒太阳。

治疗：发生维生素 A 缺乏症时，应立即更换饲料，多喂富含胡萝卜素的饲料；内服鱼肝油，成年牛50~100ml，犊牛20~50ml，每天一次，连续数天。或用维生素A注射液，肌肉注射5万~7万IU，每天一次，连续5~10天。也可一次大剂量注射（50万~70万IU）。给予抗生素和磺胺药以预防并发感染；同时，采取对症治疗，如消化不良给予健胃药，腹泻时给予消炎止泻药等。

牛肉加工

1. 我国牛肉主产地是哪些？

中国畜牧业协会官方公布数据显示，截至2017年年底，我国肉牛存栏数前十名的省（自治区）依次为：云南、河南、四川、内蒙古、青海、甘肃、贵州、吉林、辽宁、湖南。肉牛出栏排名前十的省（自治区）依次为：河南、山东、内蒙古、河北、吉林、四川、云南、黑龙江、辽宁、新疆。牛肉产量前十的省（自治区）依次为：河南、山东、内蒙古、河北、吉林、黑龙江、新疆、辽宁、云南、四川。

2. 什么是冷鲜牛肉？

冷鲜肉又称保鲜肉、排酸肉，是指严格执行兽医检疫制度，对屠宰后的畜胴体迅速进行冷却处理，使胴体温度在24小时内降为0～4℃，并进行高标准成熟，在后续的加工、流通和销售过程中始终保持0～4℃范围内的生鲜肉（需具备完善的冷链运输体系）。

3. 什么是热鲜牛肉?

热鲜肉通常是指畜禽宰杀后不经冷却加工,直接上市的畜禽肉。我国传统畜禽肉品生产销售方式,一般是凌晨宰杀、清早上市。

4. 什么是犊牛肉?

按照 GB/T 19480 - 2009 肉和肉制品术语规定,犊牛肉指生长期在6个月内的牛肉。

5. 什么是犊牛白肉?

以牛奶或缺铁性代乳料为饲料,将处在哺乳期犊牛养至6月龄,体重250kg以下,屠宰后获得的肉色淡红的牛肉。

6. 什么是犊牛红肉?

以代牛乳与全价配合饲料为日粮,将处于哺乳期或断乳后犊牛养至性成熟前,屠宰后获得的肉色浅红的牛肉。

7. 影响牛肉嫩度的宰前因素有哪些？

影响牛肉嫩度的因素有很多，主要包括饲养的牛的品种、年龄、性别、饲养状况等，其中牛肉中含有的肌纤维的粗细和多少以及结缔组织的质地是影响肉嫩度的主要因素。一般家畜体型越大肌纤维越粗大，肉质越老；公畜的肌肉比母畜的粗糙，肉质较老；幼龄家畜的肉比老龄家畜的肉嫩。营养良好的家畜，肌间脂肪含量高，肉的嫩度好。另外，牛的宰前状况也是一个不可忽视的因素，譬如牛是否产生应激反应、宰前休息状况和是否在宰前静养禁食等，这都会对包括嫩度在内的牛肉品质产生影响。

8. 影响牛肉嫩度的宰后因素有哪些？

要想获得嫩度好的牛肉，首先需要注意肉温的控制。肌肉冷却速度过快或过慢，均会影响肉的嫩度，因此以适宜的冷却速度对肉进行成熟可以保证较好的牛肉嫩度；其次，成熟时间也影响牛肉嫩度，牛肉多在12～24小时发生尸僵，适当延长成熟时间可以增加牛肉嫩度；不同部位的肉需要的成熟时间也不同，如腰大肌要成熟 13 天，肩肉和臀肉至少应成熟 12 天。除此之外，在宰后加工牛肉时，采用的嫩化方法、烹调方式和温度等也会影响肉的嫩度。

9. 什么是肉的冷收缩？

冷收缩是指肌肉的 pH 降低到 6.2 之前，肌肉的温度降低到 12℃ 以下时，肌肉发生的过度收缩现象。冷收缩不同于发生在中温时的正常收缩，而是收缩更加剧烈，可逆性更小，肉的韧度更大。

10. 怎么防止冷收缩的发生？

首先，增加胴体的脂肪厚度可以有效避免冷收缩，牛胴体 12 肋处脂肪厚度应不低 0.62cm；其次，电刺激和中速冷却方式的结合使用可以有效减少冷收缩，加速尸僵进程；骨盆吊挂法和拉伸嫩化技术可减少肌节的过度收缩，预防冷收缩。并且预防冷收缩需要选用适宜的冷却方式：延迟冷却和高温成熟相结合，即胴体屠宰后不立即进入预冷间，而在室温下放置一段时间成熟。

11. 速冻对肉品质的影响有哪些？

在一定的限值范围内，冻结速度越快，肉品品质越高。

12. 慢速冻结对肉品质的影响？

慢速冻结虽然形成的冰晶数目少，但是冰晶体积大，会造成机械损伤和汁液流失等问题，导致细胞破裂，汁液外流，营养成分损失。慢速冻结食品在解冻后，肉的色、香、味等会大幅度降低，甚至风味消失，产生大量肉汁损失。

13. 如何保持肉的鲜红色？

首先，氧化肌红蛋白的还原对于鲜肉的颜色保持至关重要，肉中的肌红蛋白会受到的空气中氧的影响，发生热氧化作用，在高氧分压时，易呈现鲜红色，而在低氧分压时，易呈现稍暗的紫红色；其次，环境温度高不仅有利于微生物的生长繁殖和酶的活动,还会促进氧化,因此高的温度会加快鲜肉发生色变及腐败,低温可增加颜色的稳定性,使最初的暗红色变亮和减少褪色率;第三,影响肉色泽的金属离子主要是铁离子、铜离子等都有着显著低氧化性的金属离子,其会催化脂肪氧化,引起色泽变化,同时这些金属离子又易与肉中产生的 H_2S 作用生成黑褐色硫化物,也会使肉及肉制品色泽变坏。另外,肉及肉制品中的添加剂主要是一些发色剂、发色助剂以及天然色素,在后期的肉制品加工中可以适当添加一些添加剂来保持肉的鲜红色。

14. 如何防止储藏过程中肉色变暗?

可采取以下措施:

一是采用真空包装,隔绝空气和肉相接触,同时在厌氧的条件下可以抑制微生物的繁殖,减少高铁肌红蛋白的形成。

二是采用充气包装,充入化学性质不活泼的惰性气体,以调节包装袋内的空气,来抑制微生物的繁殖,防止肌红蛋白和脂肪的氧化。

三是向肉中添加抗氧化剂,常见的是添加维生素

E 和维生素 C，从而抑制肉的氧化。

15. 常温下牛肉能保存多久？

肉食腐败变质的原因很多，最主要的有三个方面：

一是肉本身的组成与性质。肉含有机的营养物质和水分，在适宜的环境条件下，即使肉中无细菌存在，由于其本身所含酶的作用，也会不断进行生物化学变化。

二是环境因素，温度、湿度、阳光和空气等对肉类食品卫生上起着重要作用。在常温条件下，受到各种因素的影响，其保存时间也随之改变，25℃下可能6小时后开始变质，5℃下可能保质时间延长，在生产加工和保藏条件不良时，也会引起肉质腐败。

三是微生物的污染。微生物的污染是引起肉类牛肉腐败变质的主要因素。

16. 什么是肉的冻结烧？

冻结烧是冻结食品在冻藏存储过程中产生的一种

不良现象,一般随着冻结食品冰晶升华而加剧。因为冰晶升华会使食品表面水分下降,长时间逐渐向里推进,达到深部冰晶升华,造成质量损失,同时形成较多的微孔,增加了食品与氧气的接触面积而引起氧化酸败。酸败产物含有羰基,再与蛋白质、氨基酸等含有氨基成分发生羰氨反应,导致冻结烧。

17. 鲜肉在冻藏过程中,如何防止肉冻结烧的发生?

为了防止鲜肉贮存过程中发生冻结烧现象,应采取以下措施:

(1) 尽可能减小冷库温度波动的幅度。

(2) 冻肉在堆放时,勿太靠近冷库的内墙壁和冷库门。

(3) 肉品的进货温度不能太高,要尽量与库温接近。

(4) 冻肉要尽量堆放得紧密一点。

(5) 尽可能地增加同一储藏室内的堆装量。

(6) 在冻肉堆上盖上不透气的覆盖物。

(7) 尽可能地提高库房的相对湿度,降低空气的流速和室温。

（8）出入冷库时随时注意关闭照明设备。

（9）对于包装冻肉，应尽可能使肉品与包装材料接触良好。

18. 如何提高肉的持水性？

肉的持水性越强，食用时多汁性越好。因此，在烹饪和加工时可采取加盐先行腌渍，使肉受盐离子的作用，腌制后肌肉中的蛋白质由非溶解状态转变成溶解状态，提高了肉的保水能力；还可采用提高肉的pH至接近中性的手段，添加碱性复合磷酸盐（六偏磷酸钠、三聚酸钠的混合物）提高肉的pH，使肉蛋白偏离其等电点，扩大蛋白质的空间结构，使蛋白质连接的网状结构松弛，从而吸附更多的水分；也可利用机械方法提取可溶性蛋白质，经过搅碎、多刀斩剁、搅拌或滚揉等机械方法，把盐溶性蛋白提取出来，提高保水性。

19. 变色的牛肉是否能吃？

肉中肌红蛋白和空气里的氧气发生反应，就会影响到牛肉的颜色，越多的氧气接触，牛肉颜色越会加深。当一块牛肉暴露在空气中时间越长，这块牛肉的颜色就会趋向于棕色，看起来好像变质，实际上牛肉依然是可以安全食用的。

有些人还会看到一些偏紫色的牛肉，那些牛肉其实是从真空包装中取出来不久，真空包装里往往抽取掉空气，肌红蛋白无法和氧气进行反应，使得牛肉的颜色看起来更偏向紫色。这种情况下，只需要把牛肉从真空包装中解放出来，放在常温里等一会儿，牛肉的颜色就会慢慢恢复。

另外，也有一些牛肉出现荧光色，有时候泛着绿光，这荧光色是自然反应。牛肉本身的纹理组织、脂肪的分布，再加上切割和光线，使得牛肉像是泛着金属光泽。如果是卤过的牛肉，那就更经常会出现荧光色了，牛肉的肉质收紧也是出现荧光色的一个原因。

20. 烹饪后的牛肉怎么保存？

牛肉煮熟后放凉晾干，放入冰箱前最好切块，表面抹少量盐，放入冷藏室1天（缓慢脱水），拿出来让水自然的滴出来，用食品袋包起来放入冰箱，可以保存更长的时间。-6℃可以保鲜1周、-12℃可以保鲜15天、-18℃可以保鲜1个月、-24℃的冰箱可以保鲜3个月左右。

肉牛场环境建设与废污利用

1. 养牛场环境卫生监测的内容有哪些？

养殖场的环境卫生监测是养殖场环境保护的一项重要工作。养殖场环境卫生监测的内容主要包括：

（1）养殖场内温度、湿度、光照条件、气流等各种小气候环境参数。

（2）有害气体、空气中微粒、空气中微生物等空气质量指标。

（3）水质、饲料、养殖场污染源以及畜产品等的监测。

养殖场可根据监测结果对所处环境进行调整和治理。除此之外，还要及时清理牛舍内的粪便和污染物，对病死畜尸体进行无害化处理，夏季做好防暑降温、消灭蚊蝇的工作，冬季做好防寒保温的工作，最终使养殖场达到环境美好、生产安全、产品无污染的循环绿色要求。

2. 堆肥无害化卫生学要求是什么？

经无害化处理后的堆肥和粪便应符合我国农业农

村部行业标准"畜禽粪便无害化处理技术规范"（NY/T1168-2006）的要求。即蛔虫卵死亡≥95%，粪大肠菌群数≤105个/L，有效地控制蚊蝇滋生，堆体周围没有活动的蝇、蛹或新羽化的成蝇。

液态粪便厌氧无害化卫生学要求为：寄生虫卵死亡率≥95%，在使用粪液中不得检出活的血吸虫卵，常温沼气发酵大肠菌群数≤100个/L。有效地控制蚊蝇滋生，粪液中无孑孓，池的周围无活的蛆、蛹或新羽化的成蝇。粪渣需采取堆肥处理、沼气池厌氧等无害化处理后方可用作农肥。

3. 肉牛养殖场粪污有什么特点？

肉牛需要配置一定面积运动场，肉牛基本上是在运动场上走动、饮水和休息，牛场粪污来源主要是牛粪、牛尿、洗涮圈舍用水、自然雨水、牛饮用剩余水等。肉牛场粪污具有以下特点：一是肉牛的大量粪便直接排泄到运动场，开放式运动场水分受雨水影响比较大。二是无雨的情况下，肉牛尿液大多蒸发或渗入地下，养殖场内一般无污水排出。针对以上特点，一是要做好雨污分流，从源头上减少粪污产生量，二是根据牛场自身情况建设污水储存池，可建设的容积小一点，主要用来储存彻底消毒冲洗等操作产生的污水。

4. 一头牛每天的粪尿产量是多少?

牛粪产量：牛粪产量的多少是由牛的饲料采食量、饲料品质决定的。一般粗饲料消化率低，产粪量高，而精饲料相反。饲料采食量越大，牛粪的产量也相应增加。牛每天采食精饲料量约为体重的1%，粗饲料量（干物质计）为体重的1.5%～2.5%。牛粪含水量为70%～80%。据此计算，1头100kg的牛每天要产鲜粪4～6kg，成年牛每天产鲜粪20～30kg。

牛尿产量：肉牛饮水量很大，加上青绿饲料中含有大量的水，这些水除部分被机体利用外，大部分都会随着呼吸、体外出汗、粪便和尿液排出。其中尿液占总排水量的一半左右。育肥肉牛每采食1kg饲料干物质需水3～5kg，肉牛每百千克体重每天需水8～15kg。犊牛每天需6～7kg水。这些水分绝大多数会排出体外，估计500kg的育肥肉牛每天尿排量为10～

20kg，犊牛为4～5kg。

5. 什么是好氧堆肥？

好氧堆肥是在有氧条件下，好氧微生物对畜禽粪污等废弃物进行吸收、氧化、分解，微生物通过自身的生命活动，把一部分有机物氧化成简单的无机物，同时释放出可供微生物生长活动所需的能量，而另一部分有机物则被合成新的细胞质，使微生物不断生长繁殖，产生出更多生物体的过程。好氧堆肥是养殖场普遍使用的粪污处理方式，好氧堆肥一般分两个发酵阶段，即一次发酵和二次发酵。一次发酵主要是杀灭寄生虫卵和病原微生物，达到无害化的目的，一般堆肥周期为7～20d，该阶段堆肥温度可上升到55℃以上，经过一次发酵后，物料的含水率一般可下降到45%左右，有机物得到分解和矿化，物料变得疏松。二次发酵是将物料中未降解的大分子有机物进一步分解、稳定，周期一般15～30d，堆体的温度逐渐下降并趋于稳定时，堆肥即达到腐熟。

好氧堆肥一般分自然堆肥、条垛式堆肥、槽式堆肥和反应器堆肥等方式。自然堆肥投资小、易操作、成本低，但处理规模小、占地大、时间长、易受天气影响，适用于小型养殖场。肉牛养殖场可根据本场实际情况，选择适宜的堆肥工艺，不同堆肥工艺类型的特点如下。

项目	条垛式堆肥	槽式堆肥	反应器堆肥	项目	条垛式堆肥	槽式堆肥	反应器堆肥
投资成本	低	高	高	臭味控制	差	优	优
运行和维护费用	较低	高	高	占地面积	大	小	小
操作难度	低	难	难	堆肥时间	长	短	短
受气候条件影响	大	小	小	堆肥产品质量	良	良	优

6. 什么是厌氧堆肥？

厌氧堆肥是在无氧的条件下，将畜禽粪污等进行厌氧发酵，制成有机肥料，使固体废弃物无害化的过程。堆内不设通气系统，堆温低，腐熟及无害化所需时间较长。一般厌氧堆肥要求封堆后一个月左右翻堆一次，以利于微生物活动使堆料腐熟。厌氧堆肥过程会产生甲烷和少量二氧化碳。

7. 堆肥的质量标准有哪些？

堆肥既涉及畜禽养殖废弃物的处理，又作为一种肥料产品用于种植业，堆肥产品的质量受到环境和肥料两方面标准的影响，既要满足废弃物处理的相关环境标准，如堆肥卫生标准、堆肥农用标准，又要满足有机肥料的标准。

堆肥质量一般包括颗粒大小、pH、电导率、产品稳定性、杂草种子、重金属、植物毒素等有害组分的存在以及杂质。好的堆肥应表现在：颗粒直径小于1.3cm，pH为6.0~7.8，电导率小于2.5毫西门子/cm，低呼吸比率，没有杂草种子，污染物浓度低于国家标准。这种堆肥的使用一般不会受到限制。呼吸比率是通过测定耗氧量求得的，呼吸率高，就说明堆肥尚未稳定。

如果堆肥产品不符合上述要求，则其使用就会受到限制。例如，电导率在7.5毫西门子/cm以上的堆肥要用在一些植物上时就需要用其他物料来稀释，堆肥pH在7.8以上的则只限在酸性土壤或者需要高pH的作物上使用。

8. 堆肥的影响因素有哪些?

堆肥的影响因素主要包括：有机质含量、含水率、碳氮比、温度、供氧和 pH。

一是有机质含量。堆肥中最合适的有机物含量为 20%~80%。

二是碳氮比（C/N）和碳磷比（C/P）。堆料 C/N 比值的适宜值为 25~35；C/P 比值的适宜值为 75~150。通常可用 C/N 比值较高的调理剂来调节堆料的 C/N 比值，可用过磷酸钙调节堆料的 C/P 比值。

三是水分。堆料起始含水率 45%~60% 为宜，水分含量低于 40% 或高于 65% 会抑制微生物的代谢。

四是温度。堆体温度的作用主要是影响微生物的生长，一般认为高温菌对有机物的降解效率高于中温菌，现在的快速、高温好氧堆肥正是利用了这一点。堆肥温度应控制在 45~65℃，以 55~60℃ 较佳。当堆温超过 65℃ 应采用翻堆或强制通风的方法进行降温。当堆温稳定在 30~40℃ 时，说明发酵已基本完成。

五是供氧。氧是好氧微生物生存的必要条件，供氧量的多少与微生物活动的强烈程度和有机物的分解速度及堆肥的粒度密切相关。可采用自然通风、翻堆、强制通风或翻堆与强制通风结合的方法给堆体供氧。

六是pH。一般微生物最适宜的pH是中性或弱碱性，pH太高或太低都会使堆肥处理遇到困难，堆料适宜的pH为6.5~8.5。

9. 如何确定合适的粪污农田施肥量？

畜禽粪污中含有大量氮、磷、钾等物质，可以为植物生长提供养分，经过处理后的畜禽粪便是优质的有机肥源，但是不能无限制的使用，施量过多，会导致环境污染。由于畜禽养殖规模化程度的提高，在一些地方，畜禽粪污施用已超过当地农田土地的粪污承载量，如何确定农田的粪污承载量已经成为畜禽粪污农田利用的关键。农田畜禽粪污施用量应以作物预期产量和土壤肥力为基础，结合畜禽粪便中营养元素的含量、作物当年利用率来确定。

规模养殖场配套土地面积等于规模养殖场粪肥养分供给量（对外销售部分不计算在内）除以单位土地粪肥养分需求量。

(1) 规模养殖场粪肥养分供给量。

根据规模养殖场饲养畜禽存栏量、畜禽氮（磷）排泄量、养分留存率测算，计算公式如下：

粪肥养分供给量 = Σ（各种畜禽存栏量 × 各种畜禽氮（磷）排泄量）× 养分留存率

不同畜禽的氮（磷）养分日产生量可以根据实际测定数据获得，无测定数据的可根据猪当量进行测算。固体粪便和污水以沼气工程处理为主的，粪污收集处理过程中氮留存率推荐值为65%（磷留存率65%）；固体粪便堆肥、污水氧化塘储存或厌氧发酵后农田利用为主的，粪污收集处理过程中氮留存率推荐值62%（磷留存率72%）。

(2) 单位土地粪肥养分需求量。

根据不同土壤肥力下，单位土地养分需求量、施肥比例、粪肥占施肥比例和粪肥当季利用效率测算，计算方法如下：

单位土地粪肥养分需求量 = 单位土地养分需求量 × 施肥供给养分占比 × 粪肥占施肥比例 ÷ 粪肥当季

利用率

单位土地养分需求量为规模养殖场单位面积配套土地种植的各类植物在目标产量下的氮（磷）养分需求量之和，各类作物的目标产品可以根据当地平均产量确定，具体参照区域植物养分需求量计算。粪肥占施肥比例根据当地实际情况确定。粪肥中氮素当季利用率推荐值为25%～30%，磷素当季利用率推荐值为30%～35%，具体根据当地实际情况确定。

10. 什么是牛粪就近还田模式？

就近还田是肉牛粪污处理的主要方式，大、中、小肉牛场均适用。养殖场采用干清粪饲养，实行雨污分流，从源头减少污水产生量，自行配套或与周边农户签订协议落实粪污消纳用地，建设储粪池和污水沉淀池，固体粪便堆积发酵（堆沤），污水通过管道排入污水沉淀池腐熟，在施肥季节就地就近施入农田。工艺流程为：

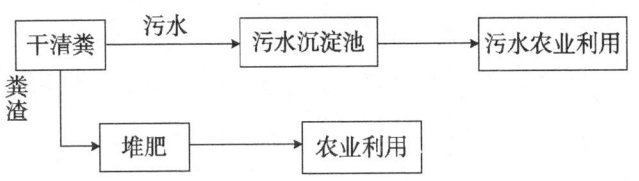

储粪池：建在生产区的下风向，靠近污道，便于粪便的清运。储粪池多为长方形，设有进粪口、出粪口，要求两个单元以上，做到轮换使用。钢筋水泥底（15cm左右）、四周砖墙（三七墙）和钢筋混凝土（20cm左右）结构，并进行防水处理，底部留有渗沥液排出口通向污水池，上覆开放式或半开放式彩钢瓦顶棚，做到防雨、防渗、防溢流。

污水沉淀池：分为舍边的一级沉淀池、污水输送过程中的二级沉淀池和最终汇集的三级沉淀池（氧化塘）。一级、二级沉淀池要靠近污道，三级沉淀池应选在生产区的下风向，储粪池附近，便于污泥的清运。沉淀池多为全地下式，深度 2~2.5m，一般为上大下小的梯形，设有进污口和清污口，水泥底（15cm左右）、四周砖墙（三七墙）和钢筋混凝土（25cm左右）结构，并进行防水处理，设顶盖，做到防雨、防渗和防溢流。为避免沼气聚集，应注意留有通风口。要求最少能容纳4个月以上的污水产生量。

粪污消纳用地：养殖场要有与养殖规模相适宜的消纳用地，可建设输送管道或通过粪污运输车将粪污施入农田。

11. 如何开展畜禽粪污区域集中治理？

采用区域集中治理模式，龙头企业负责工程建设、经营管理，政府加强政策引导，实现区域畜禽粪便、农作物秸秆等农业废弃物的分户收集、集中处理利用。种养殖基地、农户与粪污处理合作社签订委托处理废弃物协议，合作社按协议要求接收符合标准的畜禽粪便、农作物秸秆等进行无害化处理，生产的有机肥按原料接收量折换有机肥料，一部分交给种养殖基地或农户生产绿色农产品，剩余部分作为商品有机肥销售，确保盈利，保证公司可持续发展。工艺流程为：

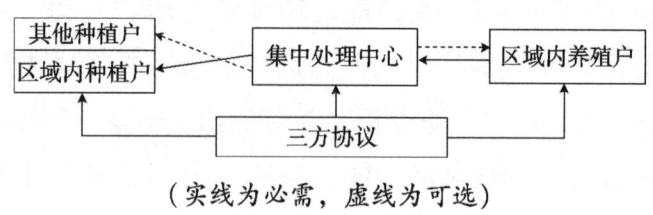

（实线为必需，虚线为可选）

12. 畜禽粪污第三方治理应注意事项有哪些？

第三方治理模式是采用合同服务的方式引入第三方畜禽粪污处理公司对养殖场废弃物进行处理利用，由第三方收集养殖场产生粪污，并进行处理，生产有机肥等产品，有机肥可以卖给设施蔬菜或其他经济作物种植户使用。应该注意的事项：

一是养殖场应建设畜禽粪污暂存设施，暂存设施容量应能够容纳第三方收取粪污间隔期内产生的畜禽粪污量。

二是要签订委托处理协议，通过合同约束双方权利和义务。

三是第三方应该具有盈利的持续运营能力，并建立与养殖者间的付费机制，否则合作不会长久。

13. 养殖蚯蚓处理牛粪可行吗？

利用牛粪养殖蚯蚓进行粪污资源化利用，是国内外20世纪80年代就已经开始使用的一项技术，通过利用蚯蚓身体内部的机械研磨、肠道内的各种消化酶和微生物以及与环境中的微生物共同作用，将有机质转化为可供自身或微生物利用的营养物质，从而达到对牛粪的分解和资源化利用。养殖过程中的蚯蚓可以加工生产蛋白饲料，也可作为药材原料，蚯蚓产生的蚓粪可以作为有机肥直接使用，不仅实现了畜禽粪污资源化利用，又可以通过销售蚯蚓提高经济效益，是一种很好的绿色可循环粪污资源化利用模式。

14. 牛粪养殖的蚯蚓有哪些用途？

用牛粪养殖的蚯蚓用途有很多。首先蚯蚓可以应用在养殖过程中，无论蚯蚓的活体，还是烘干磨粉都可以作为动物饲料使用，蚯蚓蛋白质含量高，同时具有促进动物生长发育的效果，主要应用于鸡、鸭、鱼、虾、乌龟、甲鱼、青蛙等多种动物养殖。

另外，蚯蚓还常常用作药用，蚯蚓浸出提取可制成治疗慢性溃疡和烫伤的药物，蚯蚓剖开洗去内脏、烘干后整条为中药进行使用。除此之外，蚯蚓提取的蚓激酶可作为溶解血栓的药物。蚯蚓也常被制作为菜肴和罐头,出现在人们的生活中。但无论蚯蚓用作何种用途,都需将蚯蚓体内的有毒物质清除,否则在应用中会有很大的危险。

15. 养蚯蚓的牛粪需要怎样处理?

养蚯蚓的牛粪是蚯蚓的饲料,这就要求养殖蚯蚓的牛粪没有异味、pH 为中性,所以牛粪需要预先处理。一般作为养殖床的牛粪要经过发酵,进行喷淋洒水以确保完全没有异味和 pH 为中性,使蚯蚓能够更快地进入养殖床中。没有发酵的牛粪作为养殖床时,一般至少需要进行三遍完全浸透的喷淋洒水,除去牛粪中的异味,使牛粪碱性降低。

16. 牛粪养殖蚯蚓场地如何选择?

蚯蚓喜欢阴暗、湿润、通风良好、相对安静的环境,所以尽量选择没有阳光直射、通风状况良好的场地进行养殖。蚯蚓靠体表的背孔与外界相连而呼吸,所以当环境湿度过大时蚯蚓将无法呼吸导致死亡,所以选择养殖场地时需要注意环境的排水情况。养殖场地可以选择在树林间、房前屋后庭院等空旷安静排水好的场地。如有条件，可以在空旷场地建设养殖大棚，夏季通风防晒，冬季保温抗寒，同时还可以防止雨雪等天气的影响。蚯蚓对气味、药物相对敏感，所以养殖场地应远离化工、药物生产等会产生刺激性气味的场地。养殖场地要尽量靠近水源和肉牛养殖场，方便在养殖过程中为养殖床洒水以及牛粪和蚯蚓产品运输。

17. 牛粪养殖蚯蚓养殖床有什么要求？

蚯蚓养殖床的温度控制在 15~25℃，湿度 60%~70%，pH 为 7 的一个中性环境。蚯蚓养殖床铺设一般宽 30~50cm，高 20~50cm，长度依据场地大小与养殖量确定。蚯蚓的栖息深度一般在 20cm 以内，栖息时的状态为纵向栖息，口朝下、肛门朝上，将粪便排积在养殖床上层，所以铺设养殖床过高将影响蚯蚓采食，过低蚯蚓没有充足的生存空间，都不利于蚯蚓的生长与发育。为防止养殖床间的蚯蚓相互影响，方便蚯蚓采收、上料与通行，两个养殖床之间至少要相隔1m的距离。养殖床铺平过程中不可压实,以保证养殖床内有一定的空气。如果有条件可在养殖床两边挖宽20cm,深20cm的排水沟,起到排水和预防鼠类、蚂蚁的作用。

18. 牛粪养殖蚯蚓密度多少合适?

一般将买回的成年种蚯蚓放入蚓床时,控制在$2\sim3kg/m^2$,每平方米5000~10000条,未成熟的幼蚓$5\sim8kg/m^2$,每平方米50000~80000条。密度过大会使蚯蚓的生存空间狭小,氧气、营养物质不足,导致蚯蚓生长状态不佳或出现逃逸。密度过小蚯蚓不易交配,且蚯蚓与养殖床中的菌群相互作用较小,同样不利于生长和发育。所以控制好合适的蚯蚓养殖密度非常重要。

19. 牛粪养殖蚯蚓如何采收?

蚯蚓采收方法较多,如食物诱捕法、水驱法、红光夜捕法等。但实际养殖过程中,多采用加饲料将蚯蚓诱进饲料或直接将蚓床铲出进行收集。主要方法为：利用叉子将料或蚓床铲出，抖落在透气的编织袋上，利用蚯蚓畏光的特性，待大部分蚯蚓钻至料下部时，用耙子或刮板逐层轻轻刮去表面的料，直至露出全部蚯蚓，铲料刮料时尽量小心防止刮伤蚯蚓，刮料过程中小的蚯蚓放回养殖床中继续养殖。也可通过滚筒筛进行蚯蚓采收，将带有蚯蚓的料放入滚筒筛中，筛桶转动过程中，料从筛孔漏出，蚯蚓从筛桶口漏出，从而实现蚯蚓的采收。

20. 如何进行蚯蚓粪的清除？

当养殖床基本全部粪化时，需要进行清粪处理。清粪处理方法有刮皮除心法、上刮下取法、侧诱除中心法。刮皮除心法：在蚓床大部分粪化时，将新饲料撒在原蚓床上，新饲料 5~10cm 厚，经过 2~3 天后，将表层饲料连同一部分蚓床刮至蚓床两侧，然后将中心的粪料清除。上刮下取法：将新料铺在原来的床位上，再将粪化的蚓床铺在新料上，当蚯蚓被诱至下部新饲料层后，将上层蚓粪缓慢的逐层刮出。侧诱除中心法：在原蚓粪两侧添加新的饲料，2~3 天后蚯蚓进入新的饲料中，这时可清除中心粪化的蚓床，然后把新饲料合拢至原床位。这三种方法清除后的蚓粪即可回收,若蚓粪中有大量的蚓茧,可将蚓粪风干至湿度40%,利用孔眼直径 2~3mm 的网筛震动,收取网筛上的蚓茧。

肉牛产业经济

1. 肉牛产业扶贫方式有哪些？

（1）提供工作岗位扶贫。

养殖场或屠宰场为贫困户劳动力提供工作岗位，发放工资报酬，增加贫困户劳动收入。

（2）流转土地扶贫。

肉牛养殖需要大量饲草饲料，饲草饲料种植需要大量土地，肉牛养殖主体从贫困户流转土地，用于饲草饲料种植，满足肉牛饲喂需求，从而使贫困户获得土地流转收入。

（3）订单种植扶贫。

肉牛养殖主体可以从贫困户流转土地自己种植饲草饲料，也可以与贫困户签订饲草饲料种植订单协议，通过收购贫困户种植的饲草饲料作物，增加贫困户收入。

（4）赊销回收扶贫。

肉牛企业将犊牛、肉牛、母牛赊销给贫困户，通过"赊小收大、赊瘦收肥、赊母收犊"形式，进行回收。

（5）托管代养扶贫。

养殖企业、村委会与贫困户签订三方协议，养殖企业用贫困户产业扶贫贷款代购基础母牛进行饲养，养殖企业把部分养殖收益分配给贫困户。

（6）合作养殖扶贫。

合作社建设养牛场，吸纳贫困户进场养牛，由合作社统一购买饲料、饲草或种植青贮玉米、统一购牛、统一防疫、统一销售。

2. 中国牛肉需求趋势是怎样的？

影响中国牛肉需求的因素主要有经济发展水平、居民收入水平、消费偏好等。这些因素导致了我国牛肉的消费需求呈现出明显的地区差异。城镇居民肉牛消费需求高于农村居民消费需求；北方和牧区牛肉消费需求高于南方和农区消费需求。近些年，中国居民牛肉消费需求不断提高，但与发达国家相比，仍有较大差距，人均牛肉消费量不足发达国家的1/6。随着居民收入水平提高、消费习惯和观念转变，中国居民消费需求将会逐步增长。导致牛肉消费需求提升的原因主要有四个方面：

第一，人口增长是牛肉消费需求持续增长的基本动因。随着"两孩化"的放开，中国人口还会持续增长。即使人均牛肉消费水平不变，随着人口的增长，对牛肉的需求也会持续增加。

第二，居民人均收入不断提高是牛肉消费需求增长的重要原因。在居民日常消费的肉食中，牛羊肉价格明显高于猪肉、禽肉。所以，收入水平低的居民肉牛消费比例低于收入高的居民。但是总体上说，居民牛肉边际消费倾向较高。也就是说随着居民收入水平的增加，用于牛肉上面的开支比例会提高。

第三，居民消费习惯的改变是提升牛肉消费需求层级的重要引擎。中老年居民已经形成的消费习惯难以改变，但是当前年轻人从小就形成了牛肉的消费习惯，消费习惯的培养是稳定牛肉消费的重要支撑。同时，对牛肉精细化分割和精深加工提出更高要求，牛肉产品会随着消费需求换挡升级。

第四，城镇化进程的加快和美丽乡村建设的有效推进，是稳定牛肉消费需求的重要力量。

3. 肉牛养殖面临哪些风险？

（1）宏观经济风险。

宏观经济形势变化莫测，有时经济低迷会长达十几年。处于经济低谷时,居民消费能力会减弱,需求就会降低。由于需求不足,必然会给肉牛养殖行业盈利造成一定影响。

(2) 市场价格风险。

供求关系是决定价格的重要因素,肉牛供应量的变动和市场需求的变化都会直接引起市场的波动。当肉牛价格较高时会刺激养殖者扩大养殖规模,供应量增加,出现供大于求的局面,导致肉牛价格下跌,由此对养殖户造成较大的损失。造成损失后养殖户又缩小养殖规模,造成来年肉牛供不应求,引起价格上涨,由此形成了一个价格波动的循环。同时,饲料价格上涨导致肉牛养殖成本的上涨,增加肉牛养殖户的风险,严重打击养殖户的生产积极性。

(3) 疾病风险。

疫病会直接影响肉牛产品质量和人体健康,肉牛疫病类型多样、病情复杂,同时疫病的暴发具有随意性,防控难度大。肉牛养殖规模化比率增加、集约化程度提高、养殖密度增加,使养殖业面临的疫病风险加大,一旦发生疫情造成的损失更大。同时,区域之间调运畜禽数量的增加,也加大了疫病发生流行的可能性,特别是现在交通方便,畜禽贩运范围广,疫病防控难度加大。近年来，国内先后暴发多起高致病性禽流感、口蹄疫、高致病性猪蓝耳病疫情，不仅造成巨大的经济损失，而且还严重威胁畜牧业发展和人们的身心健康。

（4）政策变动风险。

在既定的政策背景下进行肉牛养殖必然面临政策变动风险。国家或地方会根据不同时期的具体情况和社会发展要求，制定肉牛养殖的具体政策，不仅用于规范肉牛养殖，更是为了体现对该行业的鼓励与限制。尤其地方政策的不确定性更大。

（5）饲养技术风险。

降低饲养成本，提高肥育质量是提高肉牛养殖利润的重要方面，如果缺乏对不同品种肉牛饲养技术的条件下盲目进行投资，难以实现提质增效的目的，反而会增加肉牛养殖风险。

4. 肉牛未来发展趋势如何？

（1）河北省活牛价格形势分析。

2019年河北省活牛收购价格呈现出先涨后降的趋

势。自年初每千克27.11元上升至2月初的最高价每千克27.44元,随后一直呈下降趋势。6月左右形成最低价,每千克26.28元。7月以来价格缓慢回升。相对于2018年同期,2019年活牛每千克普遍上涨1~2元,2019年7月份以来活牛价格稳定回升,与2018年同期价格下降趋势略有不同。

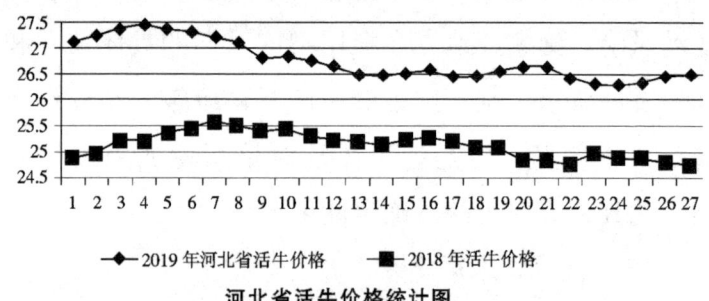

河北省活牛价格统计图

数据来源:农业农村部畜牧兽医局网站每周数据。

河北省活牛价格走势图

数据来源:农业农村部畜牧兽医局网站每周数据。

如上图所示，2018年以来河北省活牛价格一直处于波动上升趋势，结合季节性因素和饲料成本价格因素综合考虑，2019年下半年活牛价格将延续波动上升趋势，有望在年底前后超越年初的价格高峰。

(2) 河北省牛肉价格形势分析。

自2019年开年以来，河北省牛肉价格从每千克59.49元一路攀升，到春节前夕达到最高价60.5元。随后牛肉价格逐渐下降，到4月初降至最低每千克58.3元，并保持至5月底。6月初河北省牛肉价格开始反弹，截至7月中旬，牛肉价格小幅上涨至每千克58.85元。

与2018年同期比较，2019年牛肉价格大幅提高，主要是延续了2018年牛肉价格普遍上涨的趋势。2019年牛肉的价格低点出现在4月初，较2018年5月出现最低点有所提前。同时2019年5月底开始价格明显回升，较2018年回升时间提前，回升幅度明显。依据历年价格走势规律，2019年牛肉价格低谷期较早结束，下半年即将进入价格回升增长期，综合经济发展和消费倾向的原因，牛肉价格将会突破当年春节期间的高峰价格。

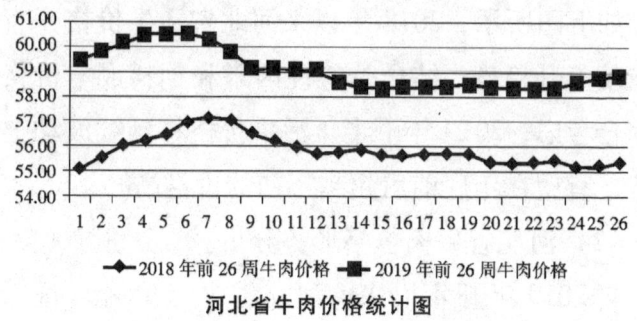

◆─ 2018年前26周牛肉价格 ■─ 2019年前26周牛肉价格

河北省牛肉价格统计图

数据来源：农业农村部畜牧兽医局网站每周数据。

5. 京津冀地区肉牛养殖优势有哪些？

（1）牛源优势。

内蒙古自治区是我国北方肉牛养殖重要区域，具有良好的自然条件；张家口、承德坝上地区自然资源禀赋条件同样适宜肉牛养殖，是北方又一肉牛重要养殖区。京津冀毗邻内蒙古，牛源供应充足，品种丰富，运输成本和风险较低，具有明显的牛源优势。

（2）市场优势。

京津冀地区是我国重要的经济、政治中心，居民收入水平较高，牛肉产品消费需求旺盛，尤其是中高端牛肉产品市场需求潜力巨大。京津冀地区肉牛养殖的产品销路广阔，营销成本相对较低，具有明显的市场优势。

(3) 价格优势。

如下图所示，2019 年上半年河北省牛肉价格波动趋势较平缓，最高价格与最低价格的价差为 2.21 元。同期北京市牛肉价差为 3.63 元，天津市为 2.2 元。河北省牛肉价格远低于北京与天津的同期价格水平。

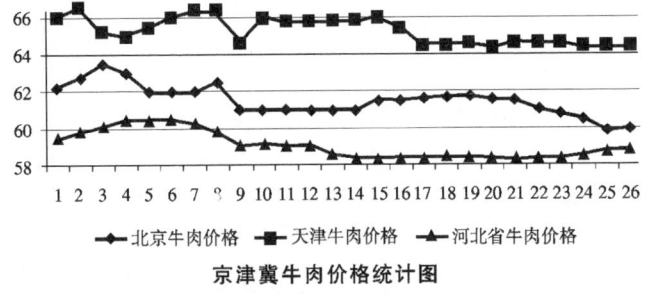

京津冀牛肉价格统计图

数据来源：农业农村部畜牧兽医局网站每周数据。

如下图所示，2019 年上半年河北省牛肉价格走势与全国价格走势基本相同，都在年初春节左右达到价格高峰，随后稳定下降。河北省牛肉价格低于同期全国价格 10 元左右，且随着季节、市场变化上下波动。在价格高峰期，两种价格价差较小，在价格下降期，两种价格的价差逐渐增大。全国牛肉价格在 4 月初即达到最低点，随后开始回升反弹，而河北省的价格低点几乎持续了 4 月和 5 月两个月的时间，导致河北省与全国价格差距增大。随着下半年牛肉消费旺季的到来，河北省牛肉价格将会大幅升高，与全国平均价格的差距有望进一步缩小。

以上情况均说明河北省牛肉价格水平偏低,日后上涨空间较大,肉牛养殖户收益水平有望进一步提高。

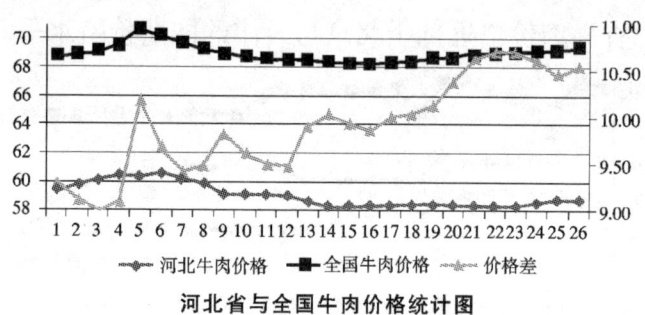

河北省与全国牛肉价格统计图

数据来源:农业农村部畜牧兽医局网站每周数据。

6. 河北省肉牛养殖模式有哪些?

依托当地自然条件和资源禀赋,河北省形成了十多种肉牛养殖模式。

(1)"育肥场+农户繁育"的龙头企业带动型肉牛养殖模式。

该模式主要是以承德市隆化县北戎农业科技有限公司探索的肉牛养殖模式为代表。承德市北戎生态农业有限公司,是集育肥牛、屠宰加工、有机肥生产、生态种植为一体的市级农业产业化龙头企业,也是当地省级农业科技园区的核心企业。为了壮大当地肉牛产业的发展，北戎农业科技有限公司首先倡导成立了北戎牛业专业合作社，吸纳当地近50多户肉牛养殖家庭为合作社社员；同时建立起合作社与养殖户的合作机制，明确合作社要为成员提供系列化服务，包括组织成员养殖肉牛，提供种牛、饲料的购买服务，提供生物有机肥用于青贮玉米种植，收购架子牛，以及与肉牛养殖有关的技术和其他信息服务。此模式的运行特征如下：由育肥场集中饲养育肥牛和农户散养母牛并提供架子牛的方式进行养殖，农户重点进行繁育后将小牛或者架子牛出售给育肥场；成立专业养牛合作社，建立了合作社与养牛户的稳定合作机制；与污染处理企业建立合作关系，建设了牛粪无害化处理设施，提升了环境治理与生态平衡能力；与肉牛加工企业、销售企业合作，不仅提升了加工能力，而且还开拓了国内、国际大市场，形成了稳定的优质育肥场的产加销一条龙产业化发展模式。

（2）以"品种改良"为核心的科技引领型肉牛养殖模式。

该模式以河北天和肉牛养殖有限公司的肉牛品种改良养殖及产业化发展为代表。河北天和肉牛养殖有限公司作为农业部认定的现代农业产业技术体系国家肉牛牦牛产业技术体系石家庄综合试验站、国家肉牛核心育种场，凭借自身掌握的肉牛胚胎生物技术优势，结合国家肉牛牦牛产业技术体系专家在肉牛饲养、育肥、屠宰加工等方面的技术力量，研发肉牛饲养和育肥模式，适时调整饲料配方，降低饲养成本。该公司根据肉牛不同育肥标准采用精细化、定制化加工分割方案，使用精准包装、-1℃冰鲜保鲜等技术提升牛肉产品附加值。通过各项技术的集成，建立了一整套的肉牛遗传育种、繁殖、养殖、疫病控制、粪污处理等高科技管理模式，取得良好的经济效益和社会效益，使其成为我国高新科技养殖模式的典范。该模式运行特征如下：以胚胎生物技术的研究与推广为核心任务；以先进的实验技术条件为保障；以实力雄厚的研发、生产管理及其教学团队为中心；以国内外著名的产学研机构的长期合作为引领。

（3）以"屠宰加工"为核心的产加销一条龙全产业链发展模式。

该模式主要是以廊坊市大厂回族自治县、三河市等地的肉牛屠宰加工企业为代表。其中的典型企业是河北福成五丰食品股份有限公司。该模式运行特征如下：屠宰加工企业是产加销一条龙肉牛产业发展模式的引领性企业；延长产业链条，形成产加销一条龙产业体系；注重基地建设，保证屠宰加工牛源供给；上市融资规模较大，完成了资本积累和规模扩张；注重产品的市场开拓。

（4）"育肥场＋养殖小区"育肥场龙头企业带动发展模式。

该模式以承德隆化县华商恒益农业开发有限公司的肉牛养殖为代表。此模式运行特征如下：形成了以肉牛育肥为核心的肉牛繁育、养殖、饲料加工、粪污处理、生态有机种植的良性循环生态产业链，养殖与种植有机农产品于一体，实现了农业全产业链经营；以租赁方式为当地养牛户提供标准化牛舍，形成养殖小区模式；实现了肉牛养殖与生态农业发展的有机结合。

（5）"肉牛养殖＋牛棚顶光伏项目"精准扶贫式发展模式。

以张家口禾牧昌畜牧养殖有限公司创建的肉牛养殖扶贫模式为代表。张家口禾牧昌畜牧养殖有限公司是一家具有一定资金实力和发展潜力的市级养殖业龙头企业，主要经营的业务范围包括牛、羊畜牧养殖，饲草种植、造林绿化、光伏发电等。公司的"肉牛养殖+牛棚顶光伏项目"的具体做法如下：禾牧昌公司为贫困户提供银行贷款担保，公司获得贷款的使用权并负责还本结息。公司定期（每月）通过合作社给贫困户每户200元固定收益金和年终不低于每户1200元的红利金。这样贫困户通过项目获得不低于每年3600元的直接收益，且不承担任何贷款风险。

（6）"肉牛生产与文化相结合"的文化引领型产业发展模式。

该模式以承德隆化创建的隆化肉牛文化创意产业园为代表。隆化养牛历史悠久，早在1978年就被列为全国商品牛生产基地县；2010年成为国家肉牛牦牛产业技术体系示范基地；2013年被确定为河北省肉牛标准化示范区。此模式运行特征如下：拓展了"文化+科技+肉牛产业"深度融合的发展空间，积极培育牛文化、牛科技、牛创意等新业态，推动传统肉牛产业的转型升级；以肉牛文化做引领，培育肉牛产业的明星企业；打造自己的优质品牌；重点扶持经营创新，鼓励龙头企业到北京、天津、上海等大城市开设特色馆、展销中心；加大对"隆化肉牛"在电视、报纸、微信等多媒体领域的品牌宣传力度，谋划在京津等大都市定期筹办隆化肉牛文化节、美食节等活动。

(7) "以基础母牛繁育为中心"的肉牛产业发展模式。

以承德隆化县郭家屯镇河南村的肉牛养殖为代表。河南村是典型的户养母牛繁育村，具有多年的养殖肉牛传统。全村200多户人家，家家户户都养肉牛，养殖数量每户30~50头，主要是以母牛繁育为主。2018年年底，母牛及犊牛存栏量达到1560头。该模式的运行特点表现为：一是山区放牧与圈养相结合；二是养殖品种主要是当地传统黄牛，或者是经过几代杂交的优良品种；三是母牛繁育方式主要是本交；四是母牛繁育由放养到圈养的转型；五是犊牛销售主要是采取自销（当地的张三营镇齐盘营活牛交易市场）和外来收购两种方式。

(8) "育肥场+直销"的肉牛养殖模式。

该模式以承德京堂养殖有限公司的肉牛养殖为代表。特征为：一是以架子牛育肥为主，打通重点销售渠道，育肥肉牛远销港澳，获取较高收益；二是对接大型商场、超市，以养殖场直销的品质、质量优势获取客户群体，如京堂养殖有限公司所属的福泽公司肉牛加工，直接供应承德市大润发等超市。该模式重视牛肉的直销渠道的拓展，善于利用养殖场直销的优势，扩大销售渠道，获取较高收益。

（9）"股份牛"助力脱贫的肉牛养殖模式。

该模式以大厂回族自治县的肉牛养殖为代表。由政府出资为全县所有建档立卡贫困户入股该县一家龙头肉牛养殖企业养殖高档肉牛，企业为托养的肉牛提供专用场地、专用饲料、购买保险等，实行集约化、科学化、规范化养殖，依托"大厂肥牛"这一国家地理标志保护产品的品牌效应，贫困户每年享受保底分红。

（10）以"流通周转获取差价为核心利益点"的肉牛养殖模式。

该模式以隆化县益佳养殖有限责任公司的肉牛养殖为代表。该公司始建于2010年6月，公司位于偏坡营乡颇赖村，被农业部授予部级畜禽养殖标准化示范场，也是2016年基础母牛扩群项目实施单位。该公司肉牛养殖的运营模式是：负责人到张三营牲畜交易市场和围场县棋盘山大牲畜交易市场，选准适合短期或长期育肥牛、母牛，并不一定成批量购买，而是怎么合适怎么买，过段时间再卖出去，赚取中间差价。不仅仅是单一的育肥或者繁育，而是多种盈利方式。这是一种典型的能人经济。

7. 香港小母牛项目是怎样的？

香港小母牛项目是由香港的一个公益机构开展的以解决中国内地乡村贫困户的生存问题为宗旨的长期性综合社区发展项目。该项目依托"香港小母牛北京代表处"，其发展宗旨是"关爱地球，消除贫困"。项目扶贫资金主要通过在香港举办的街头募捐、竞跑助人、慈善晚宴等筹款活动来募集。从2001年起至2019年6月底，香港小母牛共向内地14个省、市、自治区的88个县（市）投入约2.71亿元人民币用于扶贫，共扶持贫困家庭73992户。其中接近80%项目都位于国家级或省级贫困县的贫困村镇，覆盖国家划定的14个连片特困地区的10个，扶贫产业以畜牧养殖为主，涉及鸡、蜜蜂、绵羊、山羊、猪、肉牛和小尾寒羊等多个畜种。

作为乡村发展项目，通过开展贫困乡村村民的生产能力培训，帮助贫困户自力更生发展生计。项目主要是从当地资源优势出发，给农户提供建设培训和生产技能培训，提供农户生产项目所需的部分启动资金；同时，项目基本上是以村为基础，利用"礼品传递"的方式，整村推进，凡是承诺自觉履行礼品传递协议、有劳动能力和学习能力、讲诚信的农户都可以成为项目农户。"礼品传递"是小母牛项目的核心价值理念，是实现项目可持续性发展的基础。

香港小母牛项目的实施特点：

（1）以资金作为礼品传递。

小母牛项目的最初设想是上一户家庭把一头小母牛当作礼物传递到下一户需要摆脱贫困的家庭中去。实践中人们改进了礼品的传递方式，将传递一头小母牛改成了传递7000元左右的资金（相当于当地购买一头母牛的市场价格），确保了传递物价值的稳定性。

（2）降低了农户的养牛成本。

对于贫困地区的农户而言，最大的问题是缺乏投入生产的资金。项目实施为农户提供了免费的小母牛，农户利用自家承包土地产出的玉米、秸秆以及周边的山坡放牧等基本能解决小牛的饲喂问题。再加上肉牛一般比较皮实不容易得病，如果日常护理精细些，疫病防治成本就会很少甚至不发生。总之，不考虑人工成本的话，肉牛的养殖成本是比较低的。

（3）是一种综合性社区发展项目。

香港小母牛项目是以"关爱地球，消除贫困"为宗旨，在帮助提升社区农户生产技能的同时，更加重视人们在思想观念方面的转变与提升，通过中华传统文化教育、家庭与邻里和睦教育、人文理念与现代文明、社会环境意识等方面的宣传与教育，摒弃陈旧的思想与观念，提升农户家庭的社区互助意识。

8. 河北省肉牛养殖保险开展状况如何？有何作用？

河北省已有保定阜平县、承德隆化县和丰宁满族自治县、张家口阳原县等四个县开展了肉牛养殖保险。

（1）保定市阜平县肉牛养殖保险。

2014年11月，阜平县政府制定了《阜平县农业保险联办共保实施方案》；2015年，阜平县委、县政府制定了《关于加强农村金融服务促进产业扶贫的实施意见》《阜平县全面推进金融扶贫工作实施方案》等文件，为"农业保险全覆盖"和金融扶贫试点工作提供了良好的制度保障。县政府与人保财险公司合作，开发了阜平县肉牛商业性农业保险，据统计，2016年，阜平县共办理农业保险1039笔，累计提供风险保障13.7亿元，支付保险赔款1980.84万元，保险具体情况如下表所示：

地区	参保范围	保险责任	保费补贴	参保模式
阜平县	县域农户	自然灾害、疫病及市场价格波动造成的成本损失	县财政承担60%；养牛主体承担40%	联办共保

注："联办共保"模式，即县政府与人保财险公司合作，实行联办共保模式，双方按5∶5的比例管理保费收入和赔款分摊。

（2）承德市隆化县与丰宁满族自治县两县开展的肉牛养殖保险。

2015年，承德市承接河北省金融服务改革试点后，承德市委、市政府出台了《承德市"政银企户保"金融扶贫平台管理暂行办法》等多项政策文件，支持"政银企户保"平台发展，其中隆化县和丰宁满族自治县为肉牛保险试点县。

2017年隆化县政府与县人保财险公司在全县范围内联合开办肉牛保险业务；2018年4月28日，丰宁满族自治县人民政府与人保财险河北省分公司签订"政融保＋联办共保"特色养殖产业合作框架协议。目前，隆化县保险公司已承保，存栏肉牛12.8万头

(其中成牛10.2万头、犊牛2.6万头);丰宁满族自治县2019年投保肉牛117916头,保费3197.744万元,涉及全县73个规模养殖场,287个养殖村,其中覆盖1.7万个贫困户,增收140万元,两县肉牛保险具体情况如下表所示:

地区	参保范围	保险责任	保费及补贴	保险方式
隆化县	县域肉牛养殖户	自然灾害、疫病等造成的损失	6个月以上400元/头;6个月以下200元/头。其中,县财政承担80%,养牛主体承担20%。	基本+补充
丰宁满族自治县				联办共保

注:"基本+补充"方式,即以财政补贴部分为基本,农户自缴部分为补充。

(3)张家口阳原县开展的肉牛养殖保险。

2018年张家口市阳原县已对玉米、肉鸡、蔬菜等产业与人保财险合作,开发农业保险项目。2019年2月19日,张家口阳原县依据《河北省政策性农业保险试点工作的实施方案》(冀政〔2011〕113号)等相关文件,拟在全县内启动肉牛养殖保险。如下表所示:

地区	保险对象	保险责任	保险金额	保费补贴
阳原县	肉牛达到6个月龄(含)以上,五周岁(含)以下	疫病	8000元/头	财政承担80% 养殖主体承担20%

开展肉牛保险有三方面的作用：

一是扶贫成效显著。以政府为主导，金融机构参与，保险公司保障，鼓励农户通过肉牛养殖脱贫。根据各地肉牛产业发展特点，创新了"政银企户保""联办共保""政融保"等金融扶贫模式，"兜"住产业经营风险，保障农户获得养殖收入，实现产业脱贫。

二是降低肉牛养殖风险。养殖户养殖的肉牛因受自然灾害、疫病和市场价格波动等因素影响，造成成本损失时，保险公司将根据合同约定赔偿农户的成本损失，保障了农户生产成本收益，提高了养殖积极性。

三是为肉牛养殖户增信，提高贷款能力。能以保险为担保进行贷款融资。隆化县试点开展"险资直投"业务，即政府和保险公司共建风险金账户，政府注入风险金（首批1000万元），保险公司按1∶10比例进行贷款融资，形成"政府+保险+资金池增信"融资合作平台。截至2018年，全县累计发放金融贷款4640笔8.5亿元，"险资直投"放款255户，金额13605万元；丰宁满族自治县在"肉牛保险+政融保"模式下，共为8家肉牛养殖企业发放贷款3800

万元，进一步解决肉牛养殖资金难题。

9. 如何振兴河北牛肉文化消费？

牛是重要的家畜之一，为"六畜之一"。根据史料记载，早在7000多年前新石器时代人类就把牛驯化进行役用。牛与劳动人民的生活息息相关，伴随着农耕文化的发展，特别是牛与铁器的结合是农业社会的一次伟大的技术变革，人类的农业生产能力有了质的飞越，进入了精耕细作的时代，生存空间得到扩展，为人类社会文明的发展奠定了坚实的基础。

据史学家考证，中华大地食用牛肉的历史至少有3000年。伴随着牛肉作为食品出现在人们的食谱中，关于牛肉的饮食文化也就开始发展与传播。促进牛肉美食发扬光大，就要大力宣传牛肉的营养价值，并普及牛肉的科学烹制知识，促使人们科学地认识牛肉、理性地消费牛肉，培养更多的消费者，同时也要通过牛肉饮食文化的广泛传播、普及和传承关于牛文化的故事传说与民俗活动，促使我国农耕文化中优秀的牛文化基因与时俱进，创新发展。

为弘扬和传承河北省传统牛文化与美食文化，2019年5月18日，河北省首届牛肉美食文化节在石家庄开幕，从全省筛选出来的十家优质牛肉供应单位，把各自最优质、最高端的牛肉食材带到现场，让专家品鉴牛肉的品质，也让广大消费者现场品尝美味的牛肉制品。河北省肉牛产业技术体系创新团队首席专家李树静强调，这个项目以后每年都要坚持下去，大力宣传河北省自己的产品，积极促进河北省肉牛产业的持续健康发展。2019年9月11日至15日京津冀美食文化节在鹿泉区北国奥特莱斯举行。此次美食文化节由河北省商务厅、石家庄市政府等主办，主题为"邀西山明月，品京畿美食"，全国近百家知名餐饮企业应邀参展，这对发展和壮大河北牛肉文化消费起到了积极作用。

河北肉牛产品生产加工企业和经营者在振兴河北牛肉文化消费方面需要积极尝试与创新。首先，从饲养种植、种牛繁育、肉牛育肥到屠宰分割，最终精深加工，从源头上保证从牧场到餐桌的产品质量与卫生安全。其次，积极传承与创新河北牛肉传统制作与加工精湛技艺，大力宣传河北历史悠久的优秀民族品牌、健康饮食文化和传统服务理念。再次，积极开拓第三产业,发展牛肉文化体验式旅游项目,积极挖掘和申请国家级河北牛肉文化非遗项目,进一步延伸非遗创新产业链。最后,结合当前年轻消费者的消费需求,努力继承与创新牛肉八大美食,即炖牛肉(烧牛肉)、酱牛肉(卤牛肉)、牛肉干、牛肉面、牛肉火腿、烤牛肉(烤牛排)、牛肉丸和牛肉汤(牛肉羹、牛肉粥)的线上与线下经营新模式,积极发展传统中餐与西餐牛肉文化消费融合,不断完善打造以牛肉文化为核心的集旅游、餐饮、娱乐、体验于一体的全产业链发展模式。

10. 什么是肉牛绿色饲喂?

绿色饲喂就是为了确保牛肉品质的全程可追溯,从饲喂源头抓起,紧邻养殖场建立自有玉米种植基地,整个玉米种植期间绝无农药使用;自产牛粪作为肥料,全程使用农场自产牛粪作为优质农家肥,确保了肉牛口粮的绿色无污染,为生产优质的谷饲牛肉奠定良好基础,为保证肉牛在生长期间营养的均衡,除了绿色无污染谷物的添加,肉牛饲喂需要使用科学配比的含有微量元素、矿物质和蛋白质的饲料。在养殖模式上采用自繁自育为主的模式,从犊牛出生时就采用耳号标识出生日期以及母系血统,以便于严控18个月的出栏期,来确保牛肉的最佳口感。